NATURAL HISTORY
UNIVERSAL LIBRARY

西方博物学大系

主编：江晓原

ILLUSTRATIONES FLORAE NOVAE HOLLANDIAE

新霍兰迪亚植物图谱

[奥] 斐迪南 · 鲍尔 著

华东师范大学出版社

图书在版编目（CIP）数据

新霍兰迪亚植物图谱 = Illustrationes Florae Novae Hollandiae : 英文 / (奥) 斐迪南 · 鲍尔著. — 上海 : 华东师范大学出版社, 2018
(寰宇文献)
ISBN 978-7-5675-7714-5

Ⅰ. ①新… Ⅱ. ①斐… Ⅲ. ①植物-澳大利亚-图谱
Ⅳ. ①Q948.561.1-64

中国版本图书馆CIP数据核字(2018)第095420号

新霍兰迪亚植物图谱
Illustrationes Florae Novae Hollandiae
(奥) 斐迪南 · 鲍尔著

特约策划　黄曙辉　徐　辰
责任编辑　庞　坚
特约编辑　许　倩
装帧设计　刘怡霖

出版发行　华东师范大学出版社
社　　址　上海市中山北路3663号　邮编 200062
网　　址　www.ecnupress.com.cn
电　　话　021-60821666　行政传真　021-62572105
客服电话　021-62865537
门市（邮购）电话　021-62869887
地　　址　上海市中山北路3663号华东师范大学校内先锋路口
网　　店　http://hdsdcbs.tmall.com/

印 刷 者　虎彩印艺股份有限公司
开　　本　16开
印　　张　21.5
版　　次　2018年6月第1版
印　　次　2018年6月第1次
书　　号　ISBN 978-7-5675-7714-5
定　　价　460.00元（精装全一册）

出 版 人　王　焰

《西方博物学大系》总序

江晓原

《西方博物学大系》收录博物学著作超过一百种，时间跨度为 15 世纪至 1919 年，作者分布于 16 个国家，写作语种有英语、法语、拉丁语、德语、弗莱芒语等，涉及对象包括植物、昆虫、软体动物、两栖动物、爬行动物、哺乳动物、鸟类和人类等，西方博物学史上的经典著作大备于此编。

中西方“博物”传统及观念之异同

今天中文里的“博物学“一词，学者们认为对应的英语词汇是Natural History，考其本义，在中国传统文化中并无现成对应词汇。在中国传统文化中原有“博物”一词，与“自然史”当然并不精确相同，甚至还有着相当大的区别，但是在“搜集自然界的物品”这种最原始的意义上，两者确实也大有相通之处，故以“博物学”对译 Natural History 一词，大体仍属可取，而且已被广泛接受。

已故科学史前辈刘祖慰教授尝言：古代中国人处理知识，如开中药铺，有数十上百小抽屉，将百药分门别类放入其中，即心安矣。刘教授言此，其辞若有憾焉——认为中国人不致力于寻求世界“所以然之理”，故不如西方之分析传统优越。然而古代中国人这种处理知识的风格，正与西方的博物学相通。

与此相对，西方的分析传统致力于探求各种现象和物体之间的相互关系，试图以此解释宇宙运行的原因。自古希腊开始，西方哲人即孜孜不倦建构各种几何模型，欲用以说明宇宙如何运行，其中最典型的代表，即为托勒密（Ptolemy）的宇宙体系。

比较两者，差别即在于：古代中国人主要关心外部世界“如何”运行，而以希腊为源头的西方知识传统（西方并非没有别的知识传统，只是未能光大而已）更关心世界“为何”如此运行。在线性发展无限进步的科学主义观念体系中，我们习惯于认为“为何”是在解决了“如何”之后的更高境界，故西方的分析传统比中国的传统更高明。

然而考之古代实际情形，如此简单的优劣结论未必能够成立。例如以天文学言之，古代东西方世界天文学的终极问题是共同的：给定任意地点和时刻，计算出太阳、月亮和五大行星（七政）的位置。古代中国人虽不致力于建立几何模型去解释七政“为何”如此运行，但他们用抽象的周期叠加（古代巴比伦也使用类似方法），同样能在足够高的精度上计算并预报任意给定地点和时刻的七政位置。而通过持续观察天象变化以统计、收集各种天象周期，同样可视之为富有博物学色彩的活动。

还有一点需要注意：虽然我们已经接受了用“博物学”来对译 Natural History，但中国的博物传统，确实和西方的博物学有一个重大差别——即中国的博物传统是可以容纳怪力乱神的，而西方的博物学基本上没有怪力乱神的位置。

古代中国人的博物传统不限于“多识于鸟兽草木之名”。体现此种传统的典型著作，首推晋代张华《博物志》一书。书名“博物”，其义尽显。此书从内容到分类，无不充分体现它作为中国博物传统的代表资格。

《博物志》中内容，大致可分为五类：一、山川地理知识；二、奇禽异兽描述；三、古代神话材料；四、历史人物传说；五、神仙方伎故事。这五大类，完全符合中国文化中的博物传统，深合中国古代博物传统之旨。第一类，其中涉及宇宙学说，甚至还有“地动”思想，故为科学史家所重视。第二类，其中甚至出现了中国古代长期流传的“守宫砂”传说的早期文献：相传守宫砂点在处女胳膊上，永不褪色，只有性交之后才会自动消失。第三类，古代神话传说，其中甚至包括可猜想为现代“连体人”的记载。第四类，各种著名历史人物，比如三位著名刺客的传说，此三名刺客及所刺对象，历史上皆实有其人。第五类，包括各种古代方术传说，比如中国古代房中养生学说，房中术史上的传说人物之一“青牛道士封君达”等等。前两类与西方的博物学较为接近，但每一类都会带怪力乱神色彩。

“所有的科学不是物理学就是集邮”

在许多人心目中，画画花草图案，做做昆虫标本，拍拍植物照片，这类博物学活动，和精密的数理科学，比如天文学、物理学等等，那是无法同日而语的。博物学显得那么的初级、简单，甚至幼稚。这种观念，实际上是将“数理程度”作为唯一的标尺，用来衡量一切知识。但凡能够使用数学工具来描述的，或能够进行物理实验的，那就是“硬”科学。使用的数学工具越高深越复杂，似乎就越“硬”；物理实验设备越庞大，花费的金钱越多，似乎就越“高端”、越“先进”……

这样的观念，当然带着浓厚的“物理学沙文主义”色彩，在很多情况下是不正确的。而实际上，即使我们暂且同意上述“物理学沙文主义”的观念，博物学的“科学地位”也仍然可以保住。作为一个学天体物理专业出身，因而经常徜徉在“物理学沙文主义”幻影之下的人，我很乐意指出这样一个事实：现代天文学家们的研究工作中，仍然有绘制星图，编制星表，以及为此进行的巡天观测等等活动，这些活动和博物学家“寻花问柳”，绘制植物或昆虫图谱，本质上是完全一致的。

这里我们不妨重温物理学家卢瑟福（Ernest Rutherford）的金句：“所有的科学不是物理学就是集邮（All science is either physics or stamp collecting）。”卢瑟福的这个金句堪称“物理学沙文主义”的极致，连天文学也没被他放在眼里。不过，按照中国传统的“博物”理念，集邮毫无疑问应该是博物学的一部分——尽管古代并没有邮票。卢瑟福的金句也可以从另一个角度来解读：既然在卢瑟福眼里天文学和博物学都只是“集邮”，那岂不就可以将博物学和天文学相提并论了？

如果我们摆脱了科学主义的语境，则西方模式的优越性将进一步被消解。例如，按照霍金（Stephen Hawking）在《大设计》（*The Grand Design*）中的意见，他所认同的是一种“依赖模型的实在论（model-dependent realism）”，即“不存在与图像或理论无关的实在性概念（There is no picture- or theory-independent concept of reality）”。在这样的认识中，我们以前所坚信的外部世界的客观性，已经不复存在。既然几何模型只不过是对外部世界图像的人为建构，则古代中国人干脆放弃这种建构直奔应用（毕竟在实际应用中我们只需要知道七政“如何”运行），又有何不可？

传说中的“神农尝百草”故事，也可以在类似意义下得到新的解读：“尝百草”当然是富有博物学色彩的活动，神农通过这一活动，得知哪些草能够治病，哪些不能，然而在这个传说中，神农显然没有致力于解释“为何”某些草能够治病而另一些则不能，更不会去建立“模型”以说明之。

“帝国科学”的原罪

今日学者有倡言“博物学复兴”者，用意可有多种，诸如缓解压力、亲近自然、保护环境、绿色生活、可持续发展、科学主义解毒剂等等，皆属美善。编印《西方博物学大系》也是意欲为“博物学复兴”添一助力。

然而，对于这些博物学著作，有一点似乎从未见学者指出过，而鄙意以为，当我们披阅把玩欣赏这些著作时，意识到这一点是必须的。

这百余种著作的时间跨度为15世纪至1919年，注意这个时间跨度，正是西方列强“帝国科学”大行其道的时代。遥想当年，帝国的科学家们乘上帝国的军舰——达尔文在皇家海军“小猎犬号”上就是这样的场景之一，前往那些已经成为帝国的殖民地或还未成为殖民地的“未开化”的遥远地方，通常都是踌躇满志、充满优越感的。

作为一个典型的例子，英国学者法拉在（Patricia Fara）《性、植物学与帝国：林奈与班克斯》（*Sex, Botany and Empire, The Story of Carl Linnaeus and Joseph Banks*）一书中讲述了英国植物学家班克斯（Joseph Banks）的故事。1768年8月15日，班克斯告别未婚妻，登上了澳大利亚军舰“奋进号”。此次“奋进号”的远航是受英国海军部和皇家学会资助，目的是前往南太平洋的塔希提岛（Tahiti，法属海外自治领，另一个常见的译名是“大溪地”）观测一次比较罕见的金星凌日。舰长库克（James Cook）是西方殖民史上最著名的舰长之一，多次远航探险，开拓海外殖民地。他还被认为是澳大利亚和夏威夷群岛的“发现”者，如今以他命名的群岛、海峡、山峰等不胜枚举。

当“奋进号”停靠塔希提岛时，班克斯一下就被当地美丽的土著女性迷昏了，他在她们的温柔乡里纵情狂欢，连库克舰长都看不下去了，“道德愤怒情绪偷偷溜进了他的日志当中，他发现自己根本不可能不去批评所见到的滥交行为”，而班克斯纵欲到了“连嫖妓都毫无激情”的地步——这是别人讽刺班克斯的说法，因为对于那时常年航行于茫茫大海上的男性来说，上岸嫖妓通常是一项能够唤起“激情”的活动。

而在“帝国科学”的宏大叙事中，科学家的私德是无关紧要的，人们关注的是科学家做出的科学发现。所以，尽管一面是班克斯在塔希提岛纵欲滥交，一面是他留在故乡的未婚妻正泪眼婆娑地“为远去的心上人绣织背心”，这样典型的“渣男”行径要是放在今天，非被互联网上的口水淹死不可，但是“班克斯很快从他们的分离之苦中走了出来，在外近三年，他活得倒十分滋润”。

法拉不无讽刺地指出了“帝国科学”的实质：“班克斯接管了当地的女性和植物，而库克则保护了大英帝国在太平洋上的殖民地。”甚至对班克斯的植物学本身也调侃了一番：“即使是植物学方面的科学术语也充满了性指涉。……这个体系主要依靠花朵之中雌雄生殖器官的数量来进行分类。”据说“要保护年轻妇女不受植物学教育的浸染，他们严令禁止各种各样的植物采集探险活动。”这简直就是将植物学看成一种“涉黄”的淫秽色情活动了。

在意识形态强烈影响着我们学术话语的时代，上面的故事通常是这样被描述的：库克舰长的“奋进号”军舰对殖民地和尚未成为殖民地的那些地方的所谓“访问”，其实是殖民者耀武扬威的侵略，搭载着达尔文的“小猎犬号”军舰也是同样行径；班克斯和当地女性的纵欲狂欢，当然是殖民者对土著妇女令人发指的蹂躏；即使是他采集当地植物标本的“科学考察”，也可以视为殖民者“窃取当地经济情报”的罪恶行为。

后来改革开放，上面那种意识形态话语被抛弃了，但似乎又走向了另一个极端，完全忘记或有意回避殖民者和帝国主义这个层面，只歌颂这些军舰上的科学家的伟大发现和成就，例如达尔文随着“小猎犬号”的航行，早已成为一曲祥和优美的科学颂歌。

其实达尔文也未能免俗，他在远航中也乐意与土著女性打打交道，当然他没有像班克斯那样滥情纵欲。在达尔文为“小猎犬号”远航写的《环球游记》中，我们读到：“回程途中我们遇到一群黑人姑娘在聚会，……我们笑着看了很久，还给了她们一些钱，这着实令她们欣喜一番，拿着钱尖声大笑起来，很远还能听到那愉悦的笑声。”

有趣的是，在班克斯在塔希提岛纵欲六十多年后，达尔文随着“小猎犬号”也来到了塔希提岛，岛上的土著女性同样引起了达尔文的注意，在《环球游记》中他写道：“我对这里妇女的外貌感到有些失望，然而她们却很爱美，把一朵白花或者红花戴在脑后的髮髻上……”接着他以居高临下的笔调描述了当地女性的几种发饰。

用今天的眼光来看，这些在别的民族土地上采集植物动物标本、测量地质水文数据等等的“科学考察”行为，有没有合法性问题？有没有侵犯主权的问题？这些行为得到当地人的同意了吗？当地人知道这些行为的性质和意义吗？他们有知情权吗？……这些问题，在今天的国际交往中，确实都是存在的。

也许有人会为这些帝国科学家辩解说：那时当地土著尚在未开化或半开化状态中，他们哪有“国家主权”的意识啊？他们也没有制止帝国科学家的考察活动啊？但是，这样的辩解是无法成立的。

姑不论当地土著当时究竟有没有试图制止帝国科学家的“科学考察”行为，现在早已不得而知，只要殖民者没有记录下来，我们通常就无法知道。况且殖民者有军舰有枪炮，土著就是想制止也无能为力。正如法拉所描述的：“在几个塔希提人被杀之后，一套行之有效的易货贸易体制建立了起来。”

即使土著因为无知而没有制止帝国科学家的“科学考察”行为，这事也很像一个成年人闯进别人的家，难道因为那家只有不懂事的小孩子，闯入者就可以随便打探那家的隐私、拿走那家的东西、甚至将那家的房屋土地据为己有吗？事实上，很多情况下殖民者就是这样干的。所以，所谓的“帝国科学”，其实是有着原罪的。

如果沿用上述比喻，现在的局面是，家家户户都不会只有不懂事的孩子了，所以任何外来者要想进行“科学探索”，他也得和这家主人达成共识，得到这家主人的允许才能够进行。即使这种共识的达成依赖于利益的交换，至少也不能单方面强加于人。

博物学在今日中国

博物学在今日中国之复兴，北京大学刘华杰教授提倡之功殊不可没。自刘教授大力提倡之后，各界人士纷纷跟进，仿佛昔日蔡锷在云南起兵反袁之“滇黔首义，薄海同钦，一檄遥传，景从恐后”光景，这当然是和博物学本身特点密切相关的。

无论在西方还是在中国，无论在过去还是在当下，为何博物学在它繁荣时尚的阶段，就会应者云集？深究起来，恐怕和博物学本身的特点有关。博物学没有复杂的理论结构，它的专业训练也相对容易，至少没有天文学、物理学那样的数理“门槛”，所以和一些数理学科相比，博物学可以有更多的自学成才者。这次编印的《西方博物学大系》，卷帙浩繁，蔚为大观，同样说明了这一点。

最后，还有一点明显的差别必须在此处强调指出：用刘华杰教授喜欢的术语来说，《西方博物学大系》所收入的百余种著作，绝大部分属于“一阶”性质的工作，即直接对博物学作出了贡献的著作。事实上，这也是它们被收入《西方博物学大系》的主要理由之一。而在中国国内目前已经相当热的博物学时尚潮流中，绝大部分已经出版的书籍，不是属于“二阶”性质（比如介绍西方的博物学成就），就是文学性的吟风咏月野草闲花。

要寻找中国当代学者在博物学方面的“一阶”著作，如果有之，以笔者之孤陋寡闻，唯有刘华杰教授的《檀岛花事——夏威夷植物日记》三卷，可以当之。这是刘教授在夏威夷群岛实地考察当地植物的成果，不仅属于直接对博物学作出贡献之作，而且至少在形式上将昔日“帝国科学”的逻辑反其道而用之，岂不快哉！

2018 年 6 月 5 日
于上海交通大学
科学史与科学文化研究院

《新霍兰迪亚植物图谱》

出版说明

1760 年，斐迪南·鲍尔（Ferdinand Bauer）生于奥地利的菲尔兹堡（现捷克境内的瓦尔季采），其父卢卡斯·鲍尔是列支敦士登大公的宫廷画家。斐迪南一岁时丧父，和二哥弗朗茨一起被寄养到植物学家诺伯特·伯裘斯家中。兄弟二人自幼便表现出敏锐的观察力和美术天分，成人后都成为名噪一时的博物画家。

1780 年，鲍尔兄弟前往维也纳，受雇于皇家植物园，系统学习了植物学理论、科研器材使用方法和风景画画法。

1786 年，皇家植物园院长推荐斐迪南·鲍尔参加约翰·锡布索普的希腊-小亚细亚植物学考察，一年后携 1500 余幅植物画返回英国。锡布索普去世后，其遗作《希腊植物志》刊行，其中收录的鲍尔画作广受好评。

1801 年，约瑟夫·班克斯推荐鲍尔参加马修·福林达斯指挥的环澳大利亚航海探险，任随船博物画家，在植物学家罗伯特·布朗的指导下工作。在航行期间，鲍尔绘制了超过 2000 幅澳洲植物画，由于船上物资设备捉襟见肘，颜料不足，他只得先打底稿，标上色号，船靠岸后采购颜料上色。除此以外，他也绘制了大量动物画。他在这次远航中表现极其出色，福林达斯也在 1802 年初给班克斯去信称赞道："……有布朗先生和鲍尔先生这样务实的科学家参与探险队，实在是学界的幸运。他们的表现远远超过我的预期。"

1803 年，福林达斯返回英国，鲍尔继续留在澳大利亚进行研究和绘制工作，直到 1805 年 10 月才回国。回到英国时，他携带了满满十一大箱画作，包括 1542 幅澳大利亚植物画、180 幅诺福克岛植物画和超过 300 幅动物画。

1813 年，鲍尔从澳大利亚远航期间绘制的植物画中遴选佳作，刊行《新霍兰迪亚植物图谱》一书（新霍兰迪亚是当时澳大利亚的别名）。本书问世后虽然销售成绩一般，但经历时光洗礼后声名渐隆，被誉为植物画集中的领军之作。

1814 年，鲍尔离开澳大利亚返乡，66 岁时去世。可叹这位大画家一生作画无数，自己却没能留下一幅存世的肖像。

FERDINANDI BAUER

ILLUSTRATIONES

FLORÆ NOVÆ HOLLANDIÆ,

SIVE

ICONES GENERUM

QUÆ

IN PRODROMO FLORÆ NOVÆ HOLLANDIÆ ET INSULÆ VAN DIEMEN

DESCRIPSIT

ROBERTUS BROWN.

LONDINI:

VENEUNT APUD AUCTOREM,

(10, RUSSEL-STREET, BLOOMSBURY.)

M DCCC XIII.

VIRO ILLUSTRI

JOSEPHO BANKS,

REGI A CONSILIIS INTIMIS,

BARONETO, ORDINIS BALNEI EQUITI,

SOCIETATIS REGALIS LONDINENSIS PRÆSIDI,

HOCCE OPUS

INVENTIS SUIS DITATUM,

IN SUMMÆ OBSERVANTIÆ ET GRATI ANIMI

TESTIMONIUM,

OFFERT

FERDINANDUS BAUER.

RATIO OPERIS.

PROPOSITUM est in hisce Tabulis singuli cujusque Generis in Flora Novæ Hollandiæ D. Brown descripti exhibere Iconem, plerumque solummodo unicam; alteram vero tertiamve adjicere, ubi genera, vel e speciebus plurimis formata, vel, in citato opere, in sectiones naturales divisa, illustrationem structuræ habitusve diversitatum requirere videantur.

Icones autem pleræque ab auctore ad exemplaria viva delineatæ fuere, annis 1802–5, præcipue dum expeditionem, ad investigationem littorum Novæ Hollandiæ susceptam, jussu REGIS GEORGII TERTII et duce Cel. Flinders classis regiæ navarcho, comitatus est. Quæ verò plantæ in memorato itinere haud observatæ fuere, earum Icones liberalitati debet Illust. BANKS, qui easdem, inter plurimas alias, in primo itinere Cook immortalis detexit et depingi curavit.

Nonnullæ adumbratæ sunt ad sicca exemplaria Musei Banksiani vel Herbarii Novæ Hollandiæ D. Brown.

TABULARUM EXPLICATIO.

a. Flos ante expansionem.
a 1. Flos expansus.
b. Operculum floris : e calyce et corolla confluentibus sæpius formatum.
c. Perianthium: Integumentum florale monocotyledonum et utplurimum simplex dicotyledonum (Corolla *Linnei.* Calyx *Jussieu.*)
c 1. Perianthii foliola v. laciniæ seriei exterioris; sæpe calycinæ indolis. (Calyx *Linn.*)
c 2. Perianthii foliola v. laciniæ seriei interioris (exceptis c 3 et 4); sæpe texturæ petaloideæ. (Corolla *Linn.*)
c 3. Labellum ejusve appendices. In Orchideis.
c 4. Squamulæ hypogynæ graminum. (Nectarium *Linn.*)
c 5. Appendices Perianthii.
d. Calyx.
e. Corolla monopetala.
e 1. Petala.
e 2. Appendices corollæ. (Nectarium *Linn.* Parapetala *Ehrhart.*)
f. Discus hypogynus v. epigynus.
f 1. Glandulæ v. Squamulæ hypogynæ v. epigynæ.
g. Columna genitalium. Orchidearum, Stylidearum.
g 1. Genitalia distincta : integumentis remotis.
h. Stamina.
h 1. Anthera.
h 2. Pollen.
h 3. Pollinis massæ : in Orchideis et Asclepiadeis.
h 4. Stamina sterilia.
h 5. Corona tubi staminei : in Asclepiadeis. (Nectarium *Linn.*)
i. Pistillum.
i 1. Ovarium.
i 2. Stigma.
i 3. Stigmatis Indusium : in Goodenoviis, Brunonia.
i 4. Ovulum.
l. Fructus compositus : floribus pluribus communis.
l 1. Pericarpia plura distincta : floris unici.
m. Induviæ. Reliquiæ floris fructum v. augentes v. coronantes v. eidem adnatæ.
m 1. Pappus.
m 2. Calyptra muscorum.
n. Pericarpium. Complectens ejusdem species omnes a simplicissima *Caryopsidi* graminum.
n 1. Pericarpium apertum.
n 2. Dissepimentum.

n 3. Valvulæ.
n 4. Operculum.
n 5. Peristomium muscorum.
n 6. Placenta. (Receptaculum seminum *Gærtner.*)
n 7. Funiculus umbilicalis.
n 8. Strophiola v. Caruncula umbilicalis.
n 9. Arillus.
o. Semen.
o 1. Ala seminis.
o 2. Coma seminis : in Asclepiadeis, Epilobio.
o 3. Integumenta seminis.
o 4. Albumen. (Perispermum *Jussieu.* Endospermum *Richard.*)
o 5. Vitellus : in Scitamineis. Nymphæa.
p. Embryo.
p 1. Cotyledon.
p 2. Plumula.
p 3. Radicula.
q. Folium.
q 1. Petiolus.
q 2. Stipula.
r. Caulis v. Scapi portio.
s. Inflorescentia : complectens species omnes; exceptis duabus sequentibus (s 1 et 2).
s 1. Flos compositus.
s 2. Locusta graminis. (v. uniflora v. multiflora.)
t. Involucrum umbellæ, capituli.
t 1. Involucrum floris compositi. (Calyx communis *Linn.*)
t 2. Gluma graminum. (Calyx *Linn.*)
t 3. Calyx exterior : Malvacearum, Dipsacearum, Brunoniæ.
t 4. Involucrum, (sori v. capsulæ unicæ) Filicum, (Indusium *Swartz.*)
t 5. Bracteæ.
t 6. Squamæ Amenti.
t 7. Paleæ.
t 8. Paraphyses muscorum.
t 9. Calyptra : dum e bracteis connatis formata.
u. Receptaculum floris unici.
u 1. Receptaculum commune v. floris compositi, v. amenti, v. capituli.

SIGNA SEQUENTIA LITERIS SUBPOSITA SIC INTELLIGENDA.

* Partem vi expansam v. apertam esse denotat.
† . . . . . . sectam verticaliter.
∵ . . . . transversim.
— . . . . . . magnitudine diminutam.

Dum partes magnitudine auctæ sunt *literæ majusculæ* pro minoribus substituuntur.

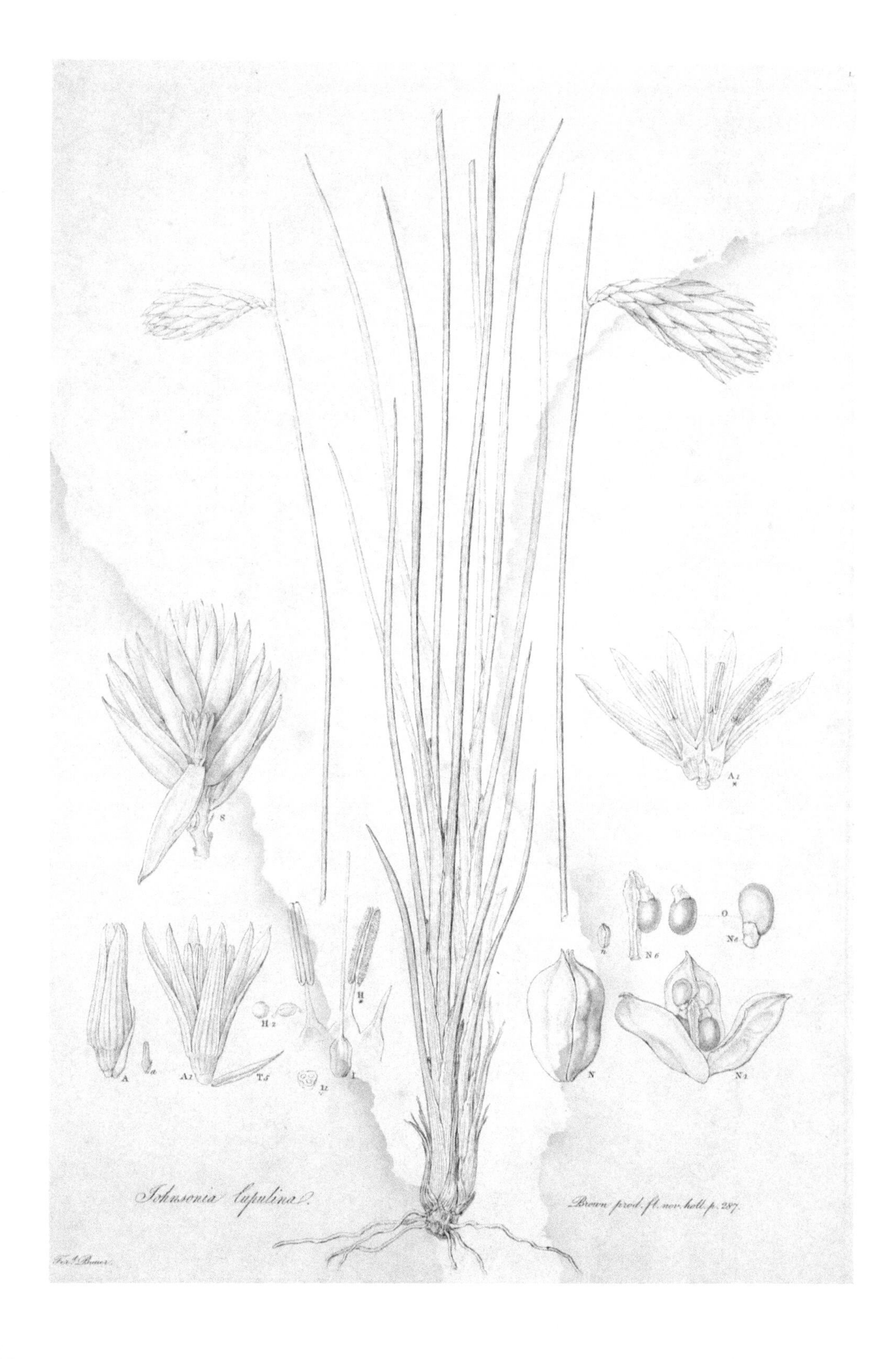
Johnsonia lupulina.
Brown prod. fl. nov. holl. p. 287.
Ferd. Bauer.

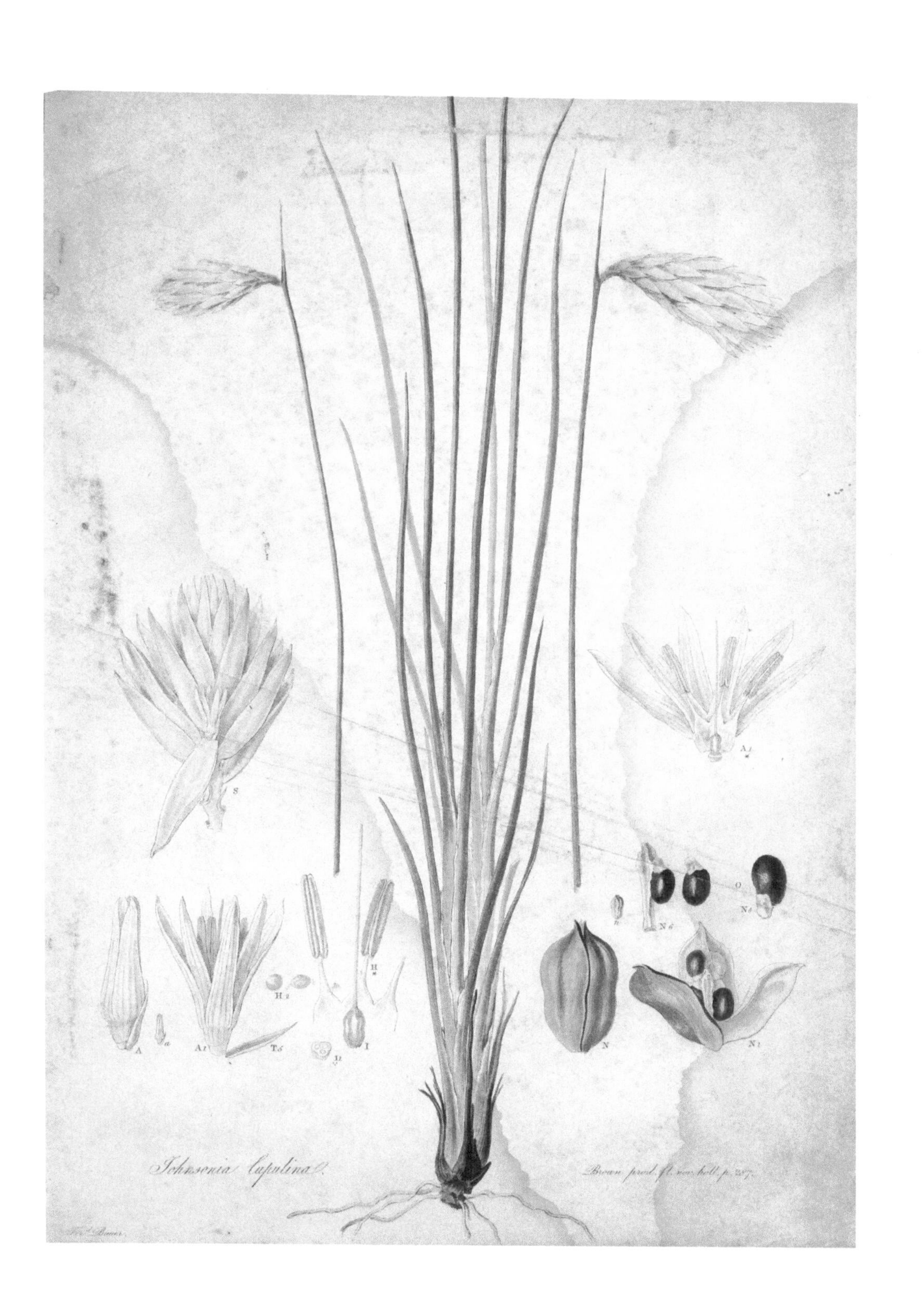
Johnsonia lupulina
Brown prod. fl. nov. holl. p. 287.

Pterostylis grandiflora! Brown prod. fl. nov. holl. p. 327. 12.

Pterostylis grandiflora? Brown prod. fl. nov. holl. p. 327. 12.

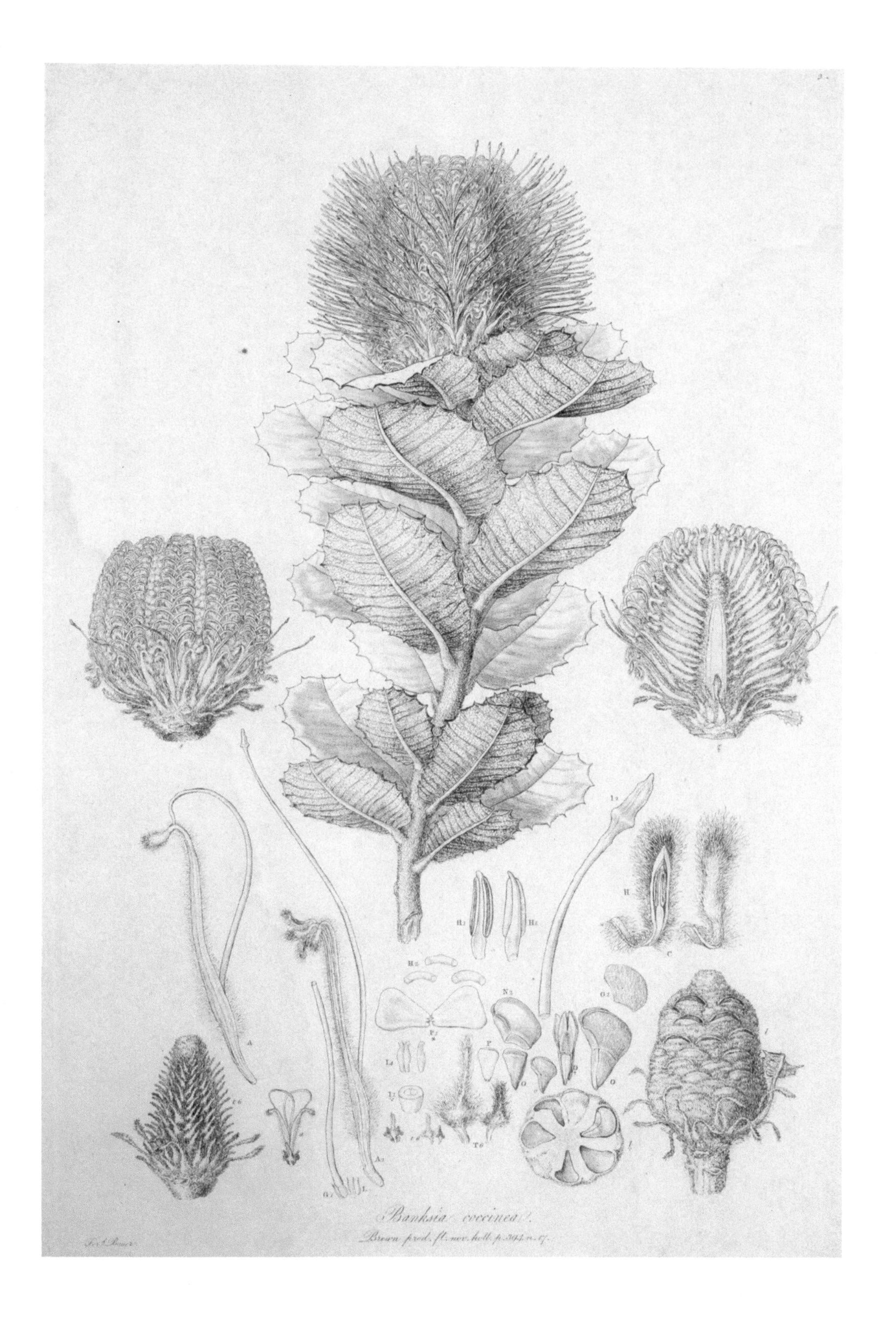

Banksia coccinea!.

Brown prod. fl. nov. holl. p. 394. n. 17.

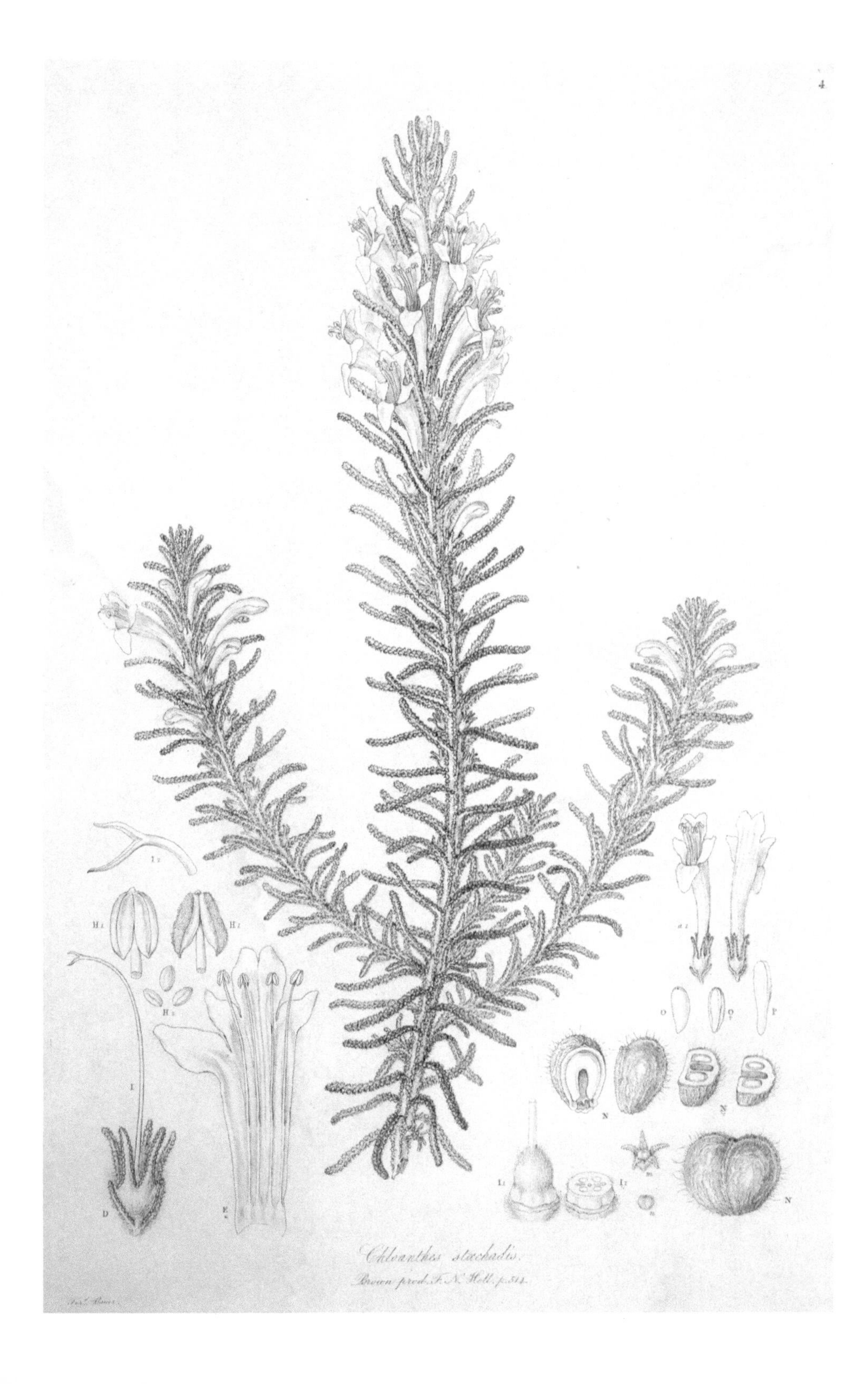

Chloanthes stæchadis.

Brown prod. F. N. Holl. p. 514.

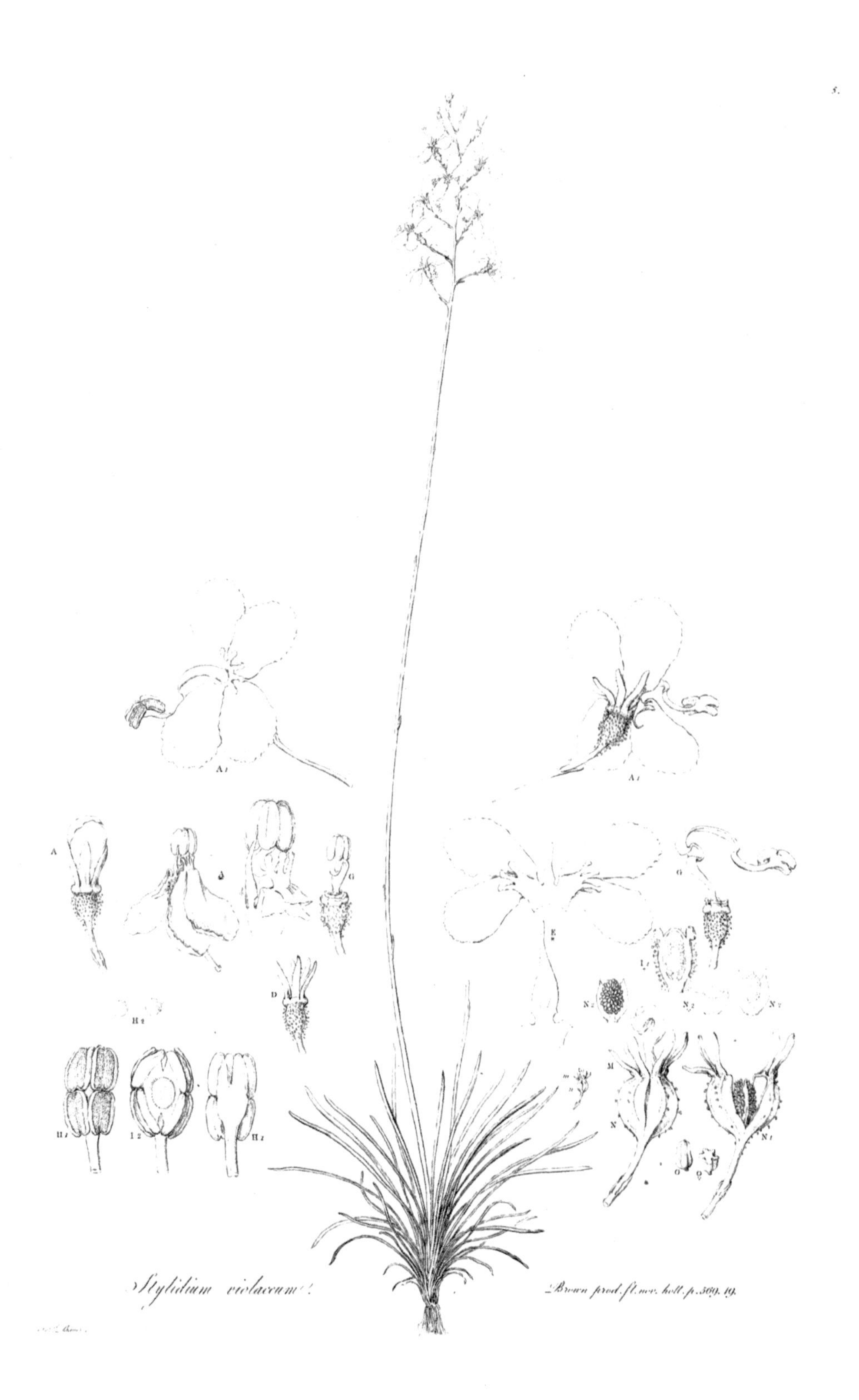

Stylidium violaceum! *R. Brown prod. fl. nov. holl. p. 569. 19.*

Aneilema crispata. — Brown prod. fl. nov. holl. p. 270. n. 6.

Ferd. Bauer.

Cartonema spicatum.

Brown prod. fl. nov. holl. p. 271.

Ferd. Bauer.

Chiloglottis diphylla.

Brown prod. fl. nov. holl. p. 323.

Fitz. Ahner.

Grevillea Banksii.

Brown prod. fl. nov. holl. p. 379. 29.

Ferd. Bauer.

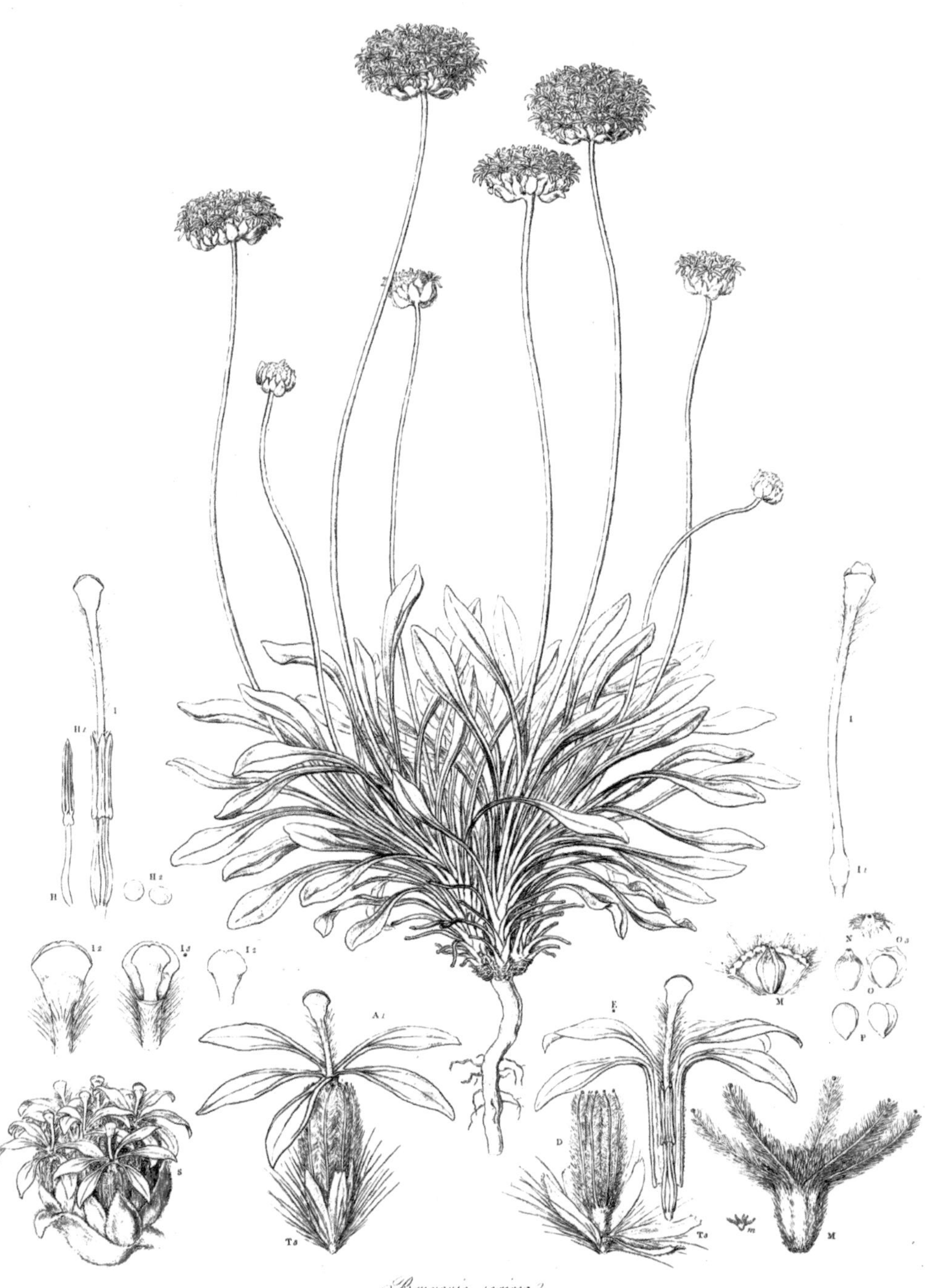

Brunonia sericea.

Brown prod. fl. nov. holl. p. 590.

F. Bauer.

Ferd. Bauer.

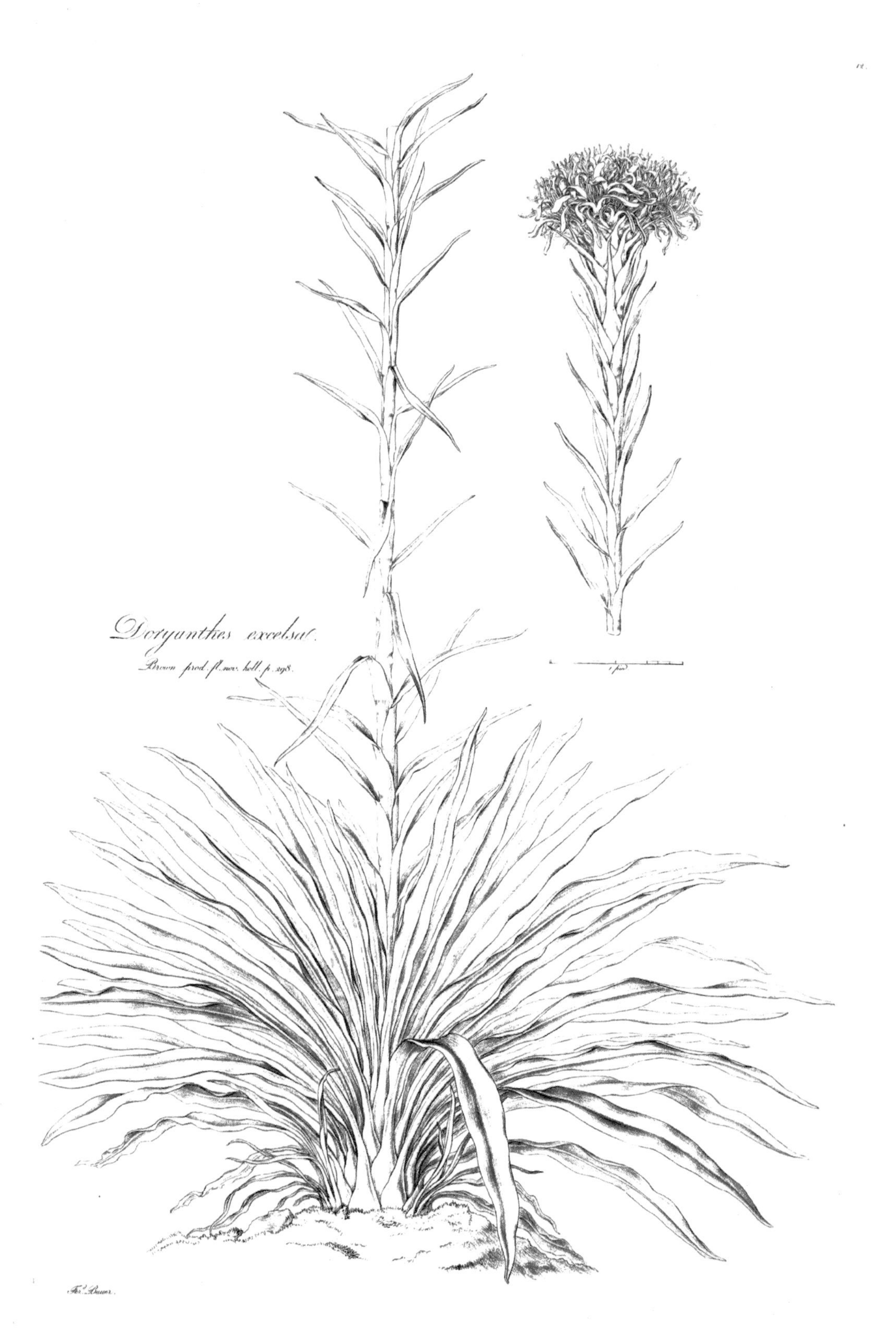

Doryanthes excelsa.
Brown prod. fl. nov. holl. p. 298.
1 pied
Fer. Bauer.

Doryanthes excelsa.
Brown prod. fl. nov. holl. p. 298.
Fer. Bauer.

Doryanthes excelsa.

Ferd. Bauer.

Stylidium calcaratum.
Brown prod. fl. nov. holl. p. 370.

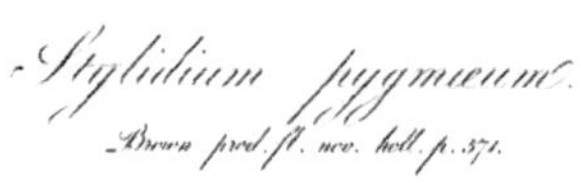

Stylidium pygmaeum.
Brown prod. fl. nov. holl. p. 371.

Levenhookia pusilla.
Brown prod. fl. nov. holl. p. 372.

Ferd. Bauer.

HISTORIAE

PLANTARVM RARIORVM

DECAS PRIMA.

TAB. I.

Mirabilis dichotoma: floribus ſeſſilibus axillaribus erectis ſolitariis. *Linn.* Syſt. Veg. ed. XIV. p. 218. Spec. Pl. ed. Holm. T. I. n. 2. p. 252. Syſt. Pl. ed. Reichh. T. I. p. 490. Mirabilis odorata. Amoen. Acad. T. IV. p. 267*. *Mill.* Dict. n. 2. *Berg.* Mat. Med. T. I. n. 69. p. 99. Admirabilis Jaſmini Roſa. *Cluſ.* hiſt. 2. p. 90. Solanum mexicanum flore parvo. C. *Bauh.* pin. 168. prodr. 91. Mechoacanna nigricans ſive Jalapium. *Parkinſ.* theatr. 180. — Jalapa officinarum fructu rugoſo. *Tournef.* Inſt. R. H. p. 130. Bryonia Mechoacanna nigricans. C. *Bauh. pin.* 293. prodr. 135. I. *Bauh.* hiſt. pl. T. II. p. 151. Convolvulus americanus Jalapium dictus. *Rai* hiſt. p. 724. *Ger.* emac. 873.

Ex radice oblonga, craſſa, carnoſa, caulem attollit ramoſum, ſulcatum, ex viridi rubentem; in exortu ramorum inſigniter extumeſcentem; ſoliis adverſis veſtitum; ex lata baſi in acumen deſinentibus. Florem gerit hermaphroditum, ex ovario nempe ſubrotundo, ſulcato; et apicibus quinque luteis conſtantem. Ovarium autem ſtylo ornatur tenui, longo, recurvo; fibula

BESCHREIBUNG

SELTENER PFLANZEN

ERSTES ZEHEND.

I. KUPFERTAFEL.

Zweytheilige Wunderblume mit einzelnen, aufrechten, ungeſtielten Blumen in den Winkeln der Blätter. *Linn.* Pflanzenſyſtem 5 Th. S. 616. n. 1.

Aus einer länglichten, dicken und fleiſchigten Wurzel, kommt ein äſtiger, gefurchter, grünlicht-rother Stamm heraus, welcher an dem Urſprunge der Aeſte ſtark aufgeſchwollen, und mit gegen einander über ſtehenden Blättern, die von ihrer breiten Baſis an, immerzu ſchmäler werden, beſetzt iſt. Die Blüthe iſt zwitterartig, und ſchlieſst einen ziemlich runden gefurchten

la rubicunda clauſo. Apices ſtaminibus ſuaverubentibus inſident. Petalon, ex tubo piloſo, ſuaverubente, unciali aut longiori, in quinque ſegmenta coccinea expanditur: et calyce brevi quinquepartito munitur. Caeteris floris partibus elapſis, ovarium calyce munitum grandeſcit; fitque fructus ex uno ſemine conſtans, quod cortice craſſo, nigro, rugoſo, ſulcato, tegitur. Flos iucundum ſpirat odorem. Omnibus ſuis partibus minor eſt quam Jalapa vulgaris, excepto ſemine, quod maius eſt et rugoſius.

Fruchtknoten, und fünf gelbe Staubbeutel ein. Auf dem Fruchtknoten ruht ein zarter, langer, rückwärtsgekrümmter Griffel, der von der röthlichten Röhre eingeſchloſſen wird. Die Staubbeutel ſitzen auf den hellrothen Trägern. Das Blumenblat breitet ſich, von ſeiner haarigten, hellrothen, einen Zoll, auch drüber, langen Röhre in fünf ſcharlachrothe Einſchnitte aus, und ſteht in einem kurzen fünftheiligen Kelch. So bald die übrigen Blüthentheile abgefallen, nimmt der in dem Kelche ſitzende Fruchtknoten an Gröſſe zu, und reift zu einer Frucht heran, die aus einem einzelnen Saamen beſteht, der mit einer dicken, ſchwarzen, runzlichten und gefurchten Schaale umgeben iſt. Die Blüthe duftet einen angenehmen Geruch aus. Es iſt dieſe Art in allen ihren Theilen kleiner, als die gemeine Jalappe, nur den Saamen ausgenommen, der gröſſer und runzlichter iſt.

Primam huius plantae notitiam *Caſparo Bauhino* debemus: cui tamen praeter radicem nullam aliam partem notam fuiſſe patet. Quam Mechoacae ſimilem eſſe ſcribit; ſed cortice nigricante veſtitum, interius rufeſcentem. Ex India *Chelapae* ſive *Celapae* nomine circa annum 1600 allatam fuiſſe idem teſtatur; atque ab Alexandrinis et Maſſilienſibus *Jalapium* vel *Gelapio* vocari. Guſtum ei tribuit non ingratum et gummoſum, reſinoſum rectius dixiſſet. Ob copioſam, inquit, gummoſitatem, ſi carbonibus vel igni admoveatur, flammam concipit. Facultate vulgarem ſive albam Mechoacam ſuperat: nam ob gummi copioſum, fortius humores ſeroſos purgat, cum imi ventris levi dolore, et praecipue viſcera, hepar et ventriculum roborat. Quare drachmae unius pondere exhibetur tuto, et ſine faſtidio opus ſuum exequitur. Sunt qui ea in doſi, cum aqua Cichoreae, aut ſimili ſtillaticia, ſeu iure, actu frigidis, tribus horis ante prandium, aegris propinent. Haec *Bauhinus*, cuius verba plerumque caeteri poſt illum ſcriptores tantummodo tranſcribunt. *Parkinſonus* quidem ab Indiae loco quodam, *Chelapa*

Dem *Caſpar Bauhin* verdanken wir zuerſt die Kenntniſs dieſes Gewächſes; aber auſſer der Wurzel, war ihm doch ſonſt nichts von ihr bekannt. Seiner Meinung nach, habe ſie viel ähnliches mit der Mechoacanna, und ſeye auswärts ſchwärzlicht, innwärts aber röthlicht. Ohngefehr um das Jahr 1600, berichtet er ferner, habe man ſie aus Indien, unter den Namen *Chelapä* oder *Celapä* zu uns über gebracht, und werde in Alexandrien und zu Marſeille *Jalapium* oder *Gelapio* genennet. Von Geſchmack ſeye ſie nicht unangenehm, und verrathe gummiartige Beſtandtheile, die er aber eigentlicher harzartige hätte nennen ſollen, weil er hinzufügt, daſs ſie wegen ihres vielen gummiartigen Weſens, auf Kohlen gelegt, oder ins Feuer geworffen, in eine Flamme übergehe. In Hinſicht ihrer Kräfte übertreffe ſie die gemeine, oder die weiſſe Mechoacanne, denn ihrer vielen gummiartigen Theile wegen, führe ſie mit wenigem Bauchgrimmen wäſſerichte Feuchtigkeiten häuffig ab, und ſtärke zugleich vorzüglich die Eingeweide, die Leber und den Magen. Man dürffe daher ein Quentgen ſicher geben, das auch ohne Eckel würken

lapa ſive *Calapa* dicto, neſcio qua auctoritate fretus, afferri teſtatur. Vereor ne quod de plantae nomine tradidit *Bauhinus*, id de loci nomine interpretetur vir parum eruditus.

ken werde. Einige laſſen ſie auch in dieſer Gabe mit Wegwarten- oder einem ähnlichen abgezogenen, Waſſer, oder in Fleiſchbrühe, drey Stunden vor dem Mittagsmahl, kalt nehmen. So weit *Bauhin*, dem man in der Folge nur nachgeſchrieben. *Parkinſon* will uns zwar verſichern, ſie werde von *Chelapa* oder *Celapa*, einer indiſchen Landſchaft, ohngeachtet ich nicht weiſs, woher er dieſes habe, zu uns gebracht. Es iſt aber zu vermuthen, es habe dieſer eben nicht allzugelehrte Mann, die Namen, welche *Bauhin* dieſer Pflanze gegeben, für die Namen der vaterländiſchen Gegend derſelben gehalten.

Moriſonus (Hiſt. Ox. p. 5.) *Bauhinum* more ſuo graviter incuſat, quod Bryoniae ſpeciem fecerit. Ipſum vero Plantam noſtram vidiſſe, aut ad aliud quodvis genus retuliſſe nullibi, quod ſciam, conſtat. Ad *Convolvuli* genus refert *Raius* quod Mechoacannae albae affinem eſſe iudicaſſet; quam *Marcgravii* auctoritate fretus, *Convolvuli* ſpeciem conſtituiſſet.

Moriſon tadelt den *Bauhin*, wie gewöhnlich, auch hier ſehr hefftig, weil er ſie für eine Art Zaunrübe gehalten. Ob er aber ſelbſt unſere Pflanze geſehen, oder unter irgend eine andere Gattung gebracht habe, iſt, ſo viel ich weiſs, nicht bekannt. *Rai* bringt ſie unter die Gattung der *Winde*, weil er ſie mit der weiſſen Mechoacanna verwandt glaubte, die er nach *Marcgrafs* Vorgange für eine *Winde* hielte.

Tourneſortius quidem ad ſuum genus primus revocabat; a *Plumerio* ſcilicet et *Lignonio* ex America reducibus edoctus; qui ſaepe affirmabant, radices Jalapae, quae in officinis uſurpantur, non differre ab ea ſpecie, quam *Jalapam officinarum fructu rugoſo* ipſe appellavit.

Tourneſort war der erſte, der ſie unter ihrer eigentlichen Gattung anführte. Denn *Plumier* und *Lignon* bezeugten ihm, nach ihrer Rückkunft aus Amerika, daſs die Wurzel der officinellen Jalappe durch gar nichts von ienem Gewächſe verſchieden ſeye, das er ſelbſt *die officinelle Jalappe mit runzlichter Frucht* genannt habe.

Jalapae radix inter celeberrima noſtrae aetatis cathartica merito recenſetur. Optima habetur, cuius taleolae compactae ſunt; venis reſinoſis ſtriatae; manu difficiles fractu, piſtillo vero faciles; coloris griſei; ſaporis nonnihil acris. Aquas ſpecifice expurgare creditur; unde in Hydrope frequens eius uſus eſt. Doſis eſt a ſcrupulo uno ad Drachmam unam. In reſina huius radicis extrahenda multum laboris impendunt nonnulli, parvo autem cum fructu, noſtra quidem ſententia: in ſubſtantia enim tutius atque efficacius exhibetur. Reſi-

Es gehöret aber die Jalappenwurzel mit allem Rechte unter die vorzüglichſten abführenden Heilmittel unſers Jahrhunderts. Man hält iene für die vorzüglichſte, deren Scheibchen derbe ſind, harzführende, in Streiffen liegende Adern haben, mit der Hand ſich nicht füglich brechen laſſen, deſto nachgiebiger aber unter dem Stempel, grau von Farbe ſind, und einen einigermaſſen ſcharfen Geſchmack verrathen. Sie ſoll ganz vorzüglich wäſſerichte Feuchtigkeiten abführen, daher ſie in der Waſſerſucht häuſfig angewandt wird. Man reicht ſie von einem

Reſinae doſis eſt a granis ſex ad ſedecim.

einem Scrupel bis zu einer Drachme. Mit vieler Sorgfalt bemühen ſich einige die harzichten Theile aus der Wurzel zu ziehen, ohngeachtet ich es nicht für allzuvortheilhaſt anſehe, da ſie nach meiner Meinung mit mehr Sicherheit und Wirkung in Subſtanz gegeben werden kan. Vom Harz kan man ſechs bis ſechzehn Gran nehmen.

Hanc plantam non minus elegantem quam utilem, ex Piſis pro varietate Mirabilis Peruvianae exceptam, primus inter Anglos in horto ſuo colebat Botanicus eximius *Carolus Du Bois*, et cum horto Chelſeiano aliisque poſtea communicabat. Semina in pulvino calente ſerito: cum plantae ſex uncias altae fuerint transferantur. *Julio* menſe florere incipit, atque in florendo ad hyemis vſque adventum pergit. Radices hyemali tempore poſſis conſervare, hybernaculi ope a tempeſtatum iniuriis tegendo; aut in arena ſicca continendo; et *Martio* menſe iterum ſerendo. Sunt etiam qui ſemina in terra vulgari menſe *Aprili* ſerunt: ſi vero hoc feceris flores multo ſerius ſunt expectandi.

Dieſe ſo ſchöne als nüzliche Pflanze erhielte der geſchickte Kräuterkenner *Carl du Bois* aus Piſa, für eine Abänderung der peruvianiſchen Wunderblume, und beſaſs ſie in Engeland zuerſt in ſeinen Garten, von da aus ſie in den Chelſea Garten und in andere kam. Die Saamen werden in ein Miſtbeet geſäet, und wenn die Pflanzen einen halben Schuh hoch geworden, ſo werden ſie verſetzt. Sie blühen vom Monat *Julius* an bis in den Winter. Die Wurzeln halten ſich den Winter über, wenn ſie in der Winterung aufbehalten, oder in trockenen Sand gelegt werden. Im Monat *Merz* kan man ſie alsdann wieder einſetzen. Einige ſäen den Saamen erſt im *April* in gemeine Gartenerde, die Blumen kommen aber alsdann weit ſpäter zum Vorſchein.

Man war lange ungewiſs, welches das eigentliche Gewächs ſeye, von dem wir die wahre *Jalappenwurzel* erhielten. *Plumier* behauptete nach ſeiner dreymaligen Rückreiſe von Amerika, die *Mirabilis Jalapa* L. ſeye es. Ihm ſprachen es in der Folge mehrere nach. Auch der ſeel. *Spielmann* (Mat. Med. p. 642.) hielte ſie noch, aus Gründen, über welche ich nicht entſcheiden will, dafür. *Bergius* (Mat. Med. l. c.) und die *ſchwediſche Pharmac.* (p. 18.) nennen uns die Mirabilis dichotoma L. *Rai, Sloane, Houſton* und *Philipp Miller* aber bemühten ſich, ſehr überzeugend darzuthun, daſs *Linnés* Convolv. Jalappa, die wahre Jalappe gebe. *Linné* in ſeiner Mat. Med. (ed. IV. Schreber. n. 148.) nahm ſie nun dafür an, ohngeachtet er ſich anfangs für die Mirab. Jalappa erklärte. Nach den Bergiusſchen Verſuchen verrathe weder die Mirab. dichotoma noch longiſera L. abführende Kräfte. Indeſſen ſcheint es doch, als ob man noch nicht durchgehends über die wahre Jalappenpflanze einig wäre. Herr Hofrath *Murray* (App. Medic. T. I. p. 503.) wagt, bis zur vollen Entſcheidung hierüber, einen Vorſchlag, den ich hier mit ſeinen eigenen Worten wiederhole: Verum quum ab utraque parte haud exigua ſtet auctoritas: quid prohibet, quo minus radices duae, etſi ex diverſa plantarum ſpecie deſumantur, characteribus tamen et virtutibus in plerisque conveniant? *P.*

TAB.

TAB. II.

Geranium inquinans: calycibus monophyllis, foliis orbiculato-reniformibus tomentoſis crenatis integriuſculis, caule fruticoſo. *Linn.* Syſt. Veg. p. 613. Sp. Pl. T. II. n. 2. p. 945. Syſt. Pl. T. III. n. 2. p. 307. Geranium calycibus monophyllis, floribus florentibus erectis, foliis ſubcordatis. Hort. Cliff. p. 345. Hort. Upſ. 195. *Roy* Lugdb. 353. *Mill.* Dict. n. 24. *Burm.* ger. 46. *Cavanilles* diſſ. IV. p. 244. n. 350. tab. 106. fig. 2. Geranium africanum arboreſcens, malvae folio pingui, flore coccineo. *Dill.* Elth. p. 151. tab. 125. f. 151. 152. Geranium africanum arboreſcens, malvae folio plano, lucido, flore elegantiſſimo, kermeſino, Di van Leur. *Boerh.* ind. 262. *Martyn.*

Caudex, ab imo fere ſtatim ramoſus, cortice caſtanei coloris tegitur, ac tomento deciduo obducitur. Foliis ornatur craſſis, lucidis, utrinque villoſis, ſubrotundis, in margine ſinuatis et crenatis, graveolentibus, longis caudis donatis. In rami latere ex adverſo folii prodit radius ſemipedalis, aut longior, pilis albicantibus hirſutus; in extremitate in multos pediculos quaſi umbellatim diviſus. Horum ſingulis inſidet flos hermaphroditus, pentapetalus, irregularis: petalis binis ſuperioribus minoribus, tribus inferioribus maioribus, coccinei coloris, ungue tamen albo, in extremitate ſubrotundis, integris. Calyce donatur quinqueſido, hirſuto. Singulis floribus quina ſuccedunt ſemina axi medio circumpoſita, per maturitatem abſcedentia, caudaeque eleganter plumoſae annexa.

II. KUPFERTAFEL.

Beſchmutzender Storchſchnabel, mit einblätterichten Blumenkelchen; ſcheibenrunden, nierenförmigen, ſilzigen, gekerbten, ziemlich unzertheilten Blättern; und einem ſtrauchartigem Stamme. *Linné* Pflanzenſyſt. 4 Th. n. 2. p. 123.

Der Stamm treibt faſt von unten auf ſchon Aeſte, und iſt mit einer caſtanienbraunen Rinde, und mit einem leicht ſich abreibenden Filze bedeckt. Die Blätter ſind dicke, glänzend, auf beyden Flächen zottigt, einigermaſſen kreiſsrund, am Rande ausgehölt, oder gekerbt, haben einen ſehr ſtarken Geruch, und ſitzen auf langen Stielen. Seitwärts an dem Aſte, dem Blatte gegenüber, kommt ein halb Schuh langer, zuweilen auch noch längerer, durch weiſslichte Härchen grauer Blumenſtiel heraus, der ſich oberwärts in mehrere kürzere gleichſam doldenartig beyſammenſtehende Stielchen theilt. Jedes einzelne derſelben trägt eine fünfblätterichte, unregelmäſsige Zwitterblume, von welchen iede aus zwey obern kleinern, und drey untern gröſſern ſcharlachrothen Blumenblättern beſteht, die am Nagel iedoch weiſs, und an ihrer Platte ziemlich rundlicht und ungetheilt ſind. Der Kelch iſt zotticht und fünfſpaltig. Auf iede einzelne Blüthe folgen fünf Saamen, die um eine in ihrer Mitte ſtehende Achſe gelagert ſind, bey ihrer Reife ſich davon trennen, und an einer ſehr zierlich geſiederten ſchwanzförmigen Granne befeſtiget ſind.

Elegans haec Geranii ſpecies circa Annum 1718 in Angliam primo fuit advecta: jam vero ob florum elegantiam adeo frequenter in hortis colitur, ut inter vulgatiora *Gerania africana* haberi poſſit. Surculos transferendo facillime ſeritur: quod menſibus aeſtivis agendum. In pulvinum apertum terrae cribratae et levis deplantandi ſunt ſurculi et frequenter irrigandi. In hybernaculo per hyemem ſervari oportet: et coelo libero frui, quotiescunque tempeſtas permiſerit: cuius egeſtas plures huius indolis plantas enecare ſolet quam ipſius frigoris ſaevities.

Dieſe ſchöne Storchſchnabelart kam im Jahr 1718 zum erſtenmale nach England, ſeitdem aber zieht man ſie ihrer prächtigen Blume wegen ſo häuffig in den Gärten, daſs ſie nun eine der gemeinſten unter den *afrikaniſchen* Storchſchnabeln geworden iſt. Man kan ſie leicht in den Sommermonaten durch abgeſchnittene Zweige vermehren, die man in ein offenes Gartenbeet in leichte geſiebte Erde ſetzen, und fleiſsig begieſsen muſs. Den Winter über muſs man ſie in der Winterung behalten, auch, ſo oft es günſtige Witterung verſtatten will, ihr freye Luft verſchaffen, deren Mangel mehrere Gewächſe dieſer Art weit öfters zu tödten pflegt, als ſelbſt die ſtrengſte Kälte.

Cavanilles in ſeinem angezeigten vortreflichen Werk über die Gerania, gedenkt a. a. O. auch einer weniger bekannten *Abänderung* dieſer Art, mit *roſenrothen Blüthen.* Der Beyname *inquinans*, den *Linne'* für dieſe Art gewählet hat, bezieht ſich auf eine beſondere Eigenſchaft, welche den Blättern derſelben eigen iſt, und die ſich durch eine roſtfärbige Farbe an den Fingern verräth, wenn iene ſtark gedrückt werden. Dieſe Farbe bleibt lange daran, und läſst auch einen unangenehmen Geruch nach ſich. Wahrſcheinlich hat die ſtarke Säure, welche dieſe Pſlanze führet, den meiſten Antheil hieran. *P.*

TAB. III.

Geranium chium: pedunculis multifloris, floribus pentandris, foliis cordatis inciſis: ſuperioribus lyrato - pinnatifidis. *Linn.* Syſt. Veg. p. 616. Sp. Pl. T. II. n. 28. p. 951. Syſt. Pl. T. III. n. 34. p. 318. *Mill.* Dict. n. 44. *Burm.* ger. 35. Geranium chium vernum, caryophyllatae folio. *Tournef.* Cor. Inſt. R. H. p. 20. *Martyn.*

Caules huic plantae rotundi, virides, ramoſiſſimi, ad diviſiones inſigniter nodoſi. Foliis veſtiti per margines crenatis, et *Caryophyllatae* fere in modum laciniatis: florum petala colorem habent purpureum, apicesque ambiunt luteos; inter quos ſtylus conſpicitur croceus, quinquepartitus. Singulis floribus ſuccedunt ſemina quina, nuda.

In

III. KUPFERTAFEL.

Griechiſcher Storchſchnabel, mit einblumigen Blumenſtielen, Blumen mit fünf Staubfäden, herzförmigen eingeſchnittenen Blättern, wovon die obern leyerförmig in Queerſtücke geſpalten ſind. *Linne'* Pflanzenſyſt. 8 Th. n. 34. p. 403.

Die Stämme dieſer Pſlanze ſind rundlicht, grün, ſehr ſtark äſtig, und an ihren Gelenken ſehr merklich knotig. Die Blätter ſind an ihren Rändern gekerbt, und beynahe wie an ienen der *Nelkenwurz*, zerſchliſſen. Die Blumenblätter ſind purpurroth, und die Staubbeutel gelb, zwiſchen welchen der ſafranfärbige fünftheilige Griffel ſich befindet. Auf iede Blume folgen fünf nackende Saamen.

Tour-

In orientali plaga primus invenit *Tournefortius*. Quamvis autem coelo calidiore naſcatur; non tamen tempeſtates noſtras reformidat. Ea plane facilitate ſemina ſua ſine ullo cultu ſerit, ut illam Angliae indigenam eſſe crederes. Semina tempore autumnali ſerito; ab aquilone euroque defendito. *Aprili* menſe florere ſolet; et ſolum ſiccum amare videtur.

Tournefort traf ſie zuerſt in der Levante an. Sie erträgt gleichwohl unſere Witterung, ohngeachtet ſie unter einem mildern Himmelsſtriche urſprünglich zu Hauſe iſt. Man ſollte ſie dieſemnach für eine in England einheimiſche Pflanze halten, zumal ſie ſich von ſelbſt ausſäet. Man muſs ſie im Herbſt ſäen, und alsdann vor Nordwinden ſichern. Im *April* blüht ſie ſchon, und ſcheint einen trockenen Boden zu lieben.

Cavanilles führt dieſe Martynſche Tafel des Linnéiſchen *Geran. chium* weder bey ebendemſelben, noch bey irgend welchem von ihm beſchriebenen Geranium an. Wahrſcheinlich iſt ſie ihm gar nicht zu Geſicht gekommen. *P.*

TAB. IV.

Prunella caroliniana: foliis lanceolatis integerrimis, infimis petiolatis, ſummis ſeſſilibus, internodiis praelongis. *Mill.* Dict. n. 6. Brunella caroliniana, magno flore dilute caeruleo, internodiis praelongis. *Rand.* Act. Philoſ. n. 395. p. 125. *Martyn.*

Radicem habet fibroſam. Caulem quadratum, pilis albicantibus caneſcentem, Ramis foliisque ex adverſo poſitis ornatum. Foliorum autem paria intervallis praelongis diſtinguuntur. Caulis et ramorum ſummitates ſpicis terminantur ex denſis florum verticillis compoſitis. Sub ſingulis autem verticillis ponuntur folia duo brevia, lata, piloſa, in acutum mucronem deſinentia. Floribus gaudet labiatis, ut in reliquis huius generis; coloris dilute caerulei, medio barbae ſegmento pulchre fimbriato: calyce piloſo.

Seminibus ex Carolina, *Catesbeii* beneficio acceptis, in horto Chelſeiano anno 1725 proveniebat, unde et eam in alios hortos iam transferri videmus. Loco aperto, vere vel autumno nullo negotio ſeritur.

IV. KUPFERTAFEL.

Caroliniſche Brunelle, mit lanzettförmigen glatträndigen Blättern, von welchen die untern geſtielt, die obern aber ſtielloſs ſind, und ziemlich langen Gelenkfügungen. *Millers* Gärtnerlexicon deutſch. Ueberſ. 3 Th. p. 680. n. 6.

Die Wurzel iſt zaſericht. Der Stamm iſt viereckicht, durch weiſslichte Härchen grau, und mit gegen einander über ſtehenden Aeſten und Blättern beſetzt, die in ſehr weit von einander entfernten Paaren ſtehen. Die Blüthen ſitzen in dichten Quirln ährenartig auf den Spitzen der Aeſte und des Stammes. Unter iedem einzelnen Blumenquirl, ſtehen zwey kurze, breite, haarichte, mit einer ſcharfen Spitze ſich endigende Blätter. Die Blumen ſind, wie bey den übrigen Arten dieſer Gattung, lippenförmig, hellblau, und an dem mittlern Lappen der Unterlippe zierlich gefranzt. Der Kelch iſt haaricht.

Der Saame, den wir durch die Güte des Hrn. *Catesbys* aus Carolina erhalten, gieng in den Chelſeagarten im Jahr 1725 gut auf, von da aus er nun auch in andere Gärten übergieng. Man kan ihn an einem offe-

tur. Frigora hyberna non male perferre ſolet: et plantis radicis etiam propagari poteſt.

offenen Orte im Frühlinge ſo gut wie im Herbſt ohne Umſtände ſäen. Die Pflanze überſteht leicht unſere Winterfröſte, auch läſst ſie ſich füglich durch die Wurzelpflänzchen vervielfältigen.

Dieſe hier vorgeſtellte caroliniſche Pflanze ſcheint dem ſeel. *Linné* nicht bekannt geworden zu ſeyn, weil er auch an gar keiner Stelle ihrer in ſeinen Schrifften gedenkt. Auch bey andern botaniſchen Schriftſtellern wird vergebens nach ihr geſucht. Nur *Miller* gedachte ihrer, nach *Rands* Vorgange, in ſeinem Gärtnerlexicon. *P.*

TAB. V.

Amaranthus cruentus: racemis pentandris decompoſitis remotis patulo-nutantibus, foliis lanceolato-ovatis. *Linn.* Syſt. Veg. p. 854. Sp. Pl. T. II. n. 17. p. 1406. Syſt. Plant. T. IV. n. 21. p. 148. Amaranthus ſinenſis foliis variis, panicula eleganter plumoſa. *Martyn.*

Ex radice fibroſa, caulis aſſurgit craſſus, rubens, ſulcatus, ramoſus, foliis nullo ordine poſitis veſtitus, in acumen deſinentibus, colore rubro in marginibus et media parte variis. Caulis et ramorum extremitates panicula ſpecioſa, amoene rubra, et quaſi plumoſa terminantur.

Variis in hortis circa Londinum colitur, et ſemina quotannis maturat. Semina autem pulvino calente *Februario* menſe ſerito. Cum ad digiti altitudinem plantae pervenerint in pulvinum alium transferantur: atque in tertium cum pedem altae fuerint. Iamque ut intervallis rectis diſtent curato, frequenter irrigato, atque aeri tempeſtate ſerena exponito. *Junio* menſe in vaſa fictilia transferri poteris: ubi hilari vultu uſque ad *Octobrem* nitebunt, niſi mala fuerit tempeſtas.

V. KUPFERTAFEL.

Blutiger Amaranth, mit doppelt zuſammengeſetzten in einiger Entfernung von einander ſtehenden, aus einander geſperrt-nikenden Trauben, deren Blumen fünf Staubfäden haben; und lanzettförmig-eyrunden Blättern. *Linne'* Pflanzenſyſt. 10 Th. n. 21. p. 206.

Aus einer zaſerichten Wurzel entſpringt ein dicker, rother, geſurchter, äſtiger Stamm, der mit in keiner beſondern Ordnung ſtehenden Blättern beſetzt iſt. Dieſe ſind ſpitzig, roth, an den Rändern und in deren Mitte bunt. Auf den Spitzen des Stammes und der Aeſte ſtehen die Blüthen in einer anſehnlichen, angenehm rothen, und gleichſam federartigen Riſpe.

Man zieht dieſen Amaranth in verſchiedenen Gärten um London. Die Saamen kommen alle Jahre zur gehörigen Reiffe, die man iährlich im *Februar* in ein Miſtbeet ſäen muſs. Wenn die Pflanzen ein paar Zoll herangewachſen, ſo müſſen ſie in ein anderes Beet verſetzt werden, und alsdann noch in ein drittes, wenn ſie die Höhe eines Schuhes erreicht haben. Nun muſs man ſie weit genug von einander ſetzen, häuffig begieſsen, und ihnen bey heiterm Wetter öfters friſche Luft geben. Im

Juni-

peſtas. Simili plerumque modo et aliae *Amaranthi* ſpecies ſunt colendae.

Junius kan man ſie auch in Blumentöpfe verpflanzen, worin ſie bis in den Oktober fortblühen, wenn anderſt die Witterung ſie begünſtigt. Auf ähnliche Weiſe laſſen ſich auch andere Amaranthe behandeln.

TAB. VI.

Celoſia argentea: foliis lanceolatis, ſtipulis ſubfalcatis, pedunculis angulatis, ſpicis ſcarioſis. *Linn.* Syſt. Veg. p. 246. Sp. Pl. T.I. n. 1. p. 297. Syſt. Pl. T.I. n. 1. p. 577. Hort. Cliff. p. 43. *Roy.* lugdb. 419. Tſieru belatta adeca manian. *Rheed.* mal. T. X. p. 77. tab. 39. Amaranthus ſpica albeſcente habitiore. *Martyn.*

Radicem habet fibroſam. Caulem ſulcatum et quaſi anguloſum, viridem, ab imo fere in plures ramos diviſum. Folia nullo ordine ponuntur, acuminata, rubro colore plerumque varia. Caulis et ramorum extremitates in ſpicas abeunt habitiores, biunciales, coloris albidi, cum rubro, praecipue in parte ſuperiore, mixto. Singulis floribus ſuccedit vaſculum membranaceum, per maturitatem horizontali ſectione diviſum, et ſemina effundens nigra reniformia.

Similitudinem haud ſane exiguam cum illa ſpecie habere videtur, quam *Amaranthum* ſpicatum, argenteum, americanum vocavit doctiſſimus *Boerhaave.* Spicam vero habet habitiorem, et coloris varii; cum illius ſpica pura ſit. Foliis etiam latioribus donatur. Quin ſemina illius alteram ſpeciem protuliſſe unquam, nondum, quod ſciam, obſervatum eſt.

Colitur eo modo quo et alii Amaranthi, minus autem aliquanto tener eſſe videtur.

VI. KUPFERTAFEL.

Silberfärbige Celoſie, mit lanzettförmigen Blättern, einigermaſſen ſichelförmigen Blatanſätzen, eckigen Blumenſtielen, und gleichſam vertrockneten Blumenähren. *Linné* Pflanzenſyſt. 5 Th. n. 1. p. 718.

Die Wurzel iſt zaſericht. Der Stamm geſurcht, und beynahe eckicht, grün, und faſt ſchon von unten auf in mehrere Aeſte getheilt. Die Blätter ſind ſcharf zugeſpitzt, roth, gröſstentheils bunt, und ſtehen in keiner beſondern Ordnung. Die Blüthen ſitzen auf den Endungen des Stammes und der Aeſte in ziemlich dicken, zween Zolle langen, weiſslichten, mit etwas roth vorzüglich an ihrer obern Hälfte gemiſchten Aehren. Auf iede einzelne Blüthe folgt ein häutiges Saamenbehältniſs, das ſich bey ſeiner Reife wagerecht öffnet, und ſchwarze, nierenförmige Saamen ausſtreuet.

Dieſem Gewächſe ſcheint ienes auſſerordentlich ähnlich zu ſeyn, welches der groſſe *Boerhaave den amerikaniſchen ſilberblumigen in Aehren blühenden Amaranth* genennt hat. Allein dieſes hat eine ſtärkere buntfärbige Aehre, da iene bloſs einfärbig iſt. Auch ſind die Blätter breiter. Ob aus den Saamen dieſer Art iene entſpringe, hat doch, meines Wiſſens, noch niemand bemerkt.

Es läſst ſich dieſe Art, wie die andern Amaranthe, ziehen, ſcheint auch zuweilen minder zärtlich zu ſeyn.

TAB. VII.

Parietaria orientalis, Polygoni folio canefcente. *Tournef.* Cor. 38.

Caulem attollit ab imo ftatim valde ramofum ex viridi rubefcentem, foliis veftitum longis, valde anguftis acuminatis canefcentibus. Flores et femina profert in foliorum alis conferta.

Februario menfe loco aperto feritur: ac femina fua fine ullo fere cultu, ad maturitatem fub autumnum perducit.

VII. KUPFERTAFEL.

Orientalifches Glaskraut, mit graulichtem Wegetritt-Blat. *Tournef.*

Der Stamm ift grünlicht-roth und fchon von unten an ftark äftig. Die Blätter find lang, fehr fchmal, fcharf zugefpitzt und graulicht. Blumen und Saame fitzen gedrängt in den Blatwinkeln beyfammen.

Im Februar fäet man es in ein offenes Beet, wornach es dann faft ohne alle weitere Pflege im Herbfte reifen Saamen trägt.

Ich finde weder in den Linnéfchen noch anderer Botaniker Schriften diefer hier nach *Tourneforts* Vorgange gedachten Pflanze erwähnt. *P.*

TAB. VIII.

Phyllanthus Niruri: foliis pinnatis floriferis, floribus pedunculatis, caule herbaceo erecto. *Linn.* Syft. Veg. n. 2. p. 847. Sp. Pl. T. II. n. 3. p. 1392. Syft. Pl. T. IV. n. 2. p. 121. Fl. Zeyl. 331. Hort. Vpf. 282. *Phyllanthus* foliis alternis alternatim pinnatis, floribus dependentibus ex alis foliorum. Hort. Cliff. 440. *Vrinaria* indica erecta vulgaris. *Burm.* Zeyl. 230. tab. 93. fig. 2. Herba moeroris alba. *Rumph.* amb. 6. p. 41. tab. 17. fig. 1. Fruticulus capfularis hexapetalos, cafiae poetarum foliis brevioribus. *Pluk.* alm. 159. tab. 183. fig. 5. Kirganelli. *Rheed.* mal. X. p. 29. tab. 15. Niruri barbadenfe, folio ovali fuperne glauco, pediculis foliorum breviffimis. *Rand.* Act. philof. n. 399. p. 295. *Martyn.*

Radix huic fibrofa. Caulis tenuis rigidus, ramofus, nonnihil rubefcens. Rami foliis nudi in plures ramulos dividuntur: quos alternatim veftiunt folia fuperne glauca, inferne canefcentia. Ex alis foliorum brevibus pediculis dependent flores varii fexus in eodem ramulo: omnes quidem uni-

VIII. KUPFERTAFEL.

Weifse Blatblume, mit gefiederten Blumentragenden Blättern, geftielten Blumen, und einem krautartigen aufrechtftehenden Stamm. *Linné* Pflanzenfyft. 10 Th. n. 2. p. 165.

Die Wurzel ift zaferícht. Der Stamm dünn, fteif, äftig und einigermaffen röthlicht. Die blatlofen Aefte theilen fich in mehrere kleinere, die mit abwechfelnd ftehenden auf ihrer Oberfläche grauen und auf ihrer Unterfläche weifslichten Blättern befetzt find. Aus den Blatwinkeln entfpringen

unicum habent folium, ſeu mavis petalon, in quinque aut ſex ſegmenta diviſum. Flores *maſculini* tres habent apices luteos, ſtaminibus totidem innixos. *Foeminini* ovarium habent ſtylo triplici donatum, extremitatibus biſidis. Ovarium autem ſit fructus, ſex plerumque ſeminibus conſtans, arcte adhaerentibus, per maturitatem vero cum impetu diſſilientibus.

gen die Blüthen von beyderley Geſchlecht, die an dem nemlichen Aſte an kurzen Stielchen hängen: zwar haben alle ein einziges Blat, oder beſtehen eigentlich aus einem Kronblate, das aber in fünf oder ſechs Einſchnitte zerſchliſſen iſt. Die *männlichen* Blüthen haben drey gelbe Staubbeutel, die auf eben ſo vielen Trägern ruhen. Die *weiblichen* haben einen Fruchtknoten, auf dem ein dreyſacher Griffel ſitzt, deſſen Endſpitzen zweyſpaltig ſind. Der Fruchtknoten wird zum Saamengehäuſe, das gröſstentheils ſechs feſt an einander hängende Saamenkörner einſchlieſst, und die, wenn ſie reif ſind, mit einem Geräuſche aus einander ſpringen.

In terra ex inſula Barbadoes miſſa copioſe provenire ſolet: unde variis in hortis circa Londinum frequens occurrit. Pulvinum amat calentem, atque hybernaculo aeſtivis etiam menſibus ſervari. Quibus omiſſis ſemina ad maturitatem haud perducet. Semina matura quaquaverſum proiicit, adeoque per totum hybernaculi ſpatium non raro ſeritur.

Dieſes Gewächs geht in der aus Barbados an uns geſendeten Erde häuffig auf, daher es denn auch in verſchiedenen Gärten um London gemein iſt. Es muſs iedoch auf Miſtbeeten gezogen, und im Sommer in der Winterung eingeſchloſſen gehalten werden. Wird dieſes unterlaſſen, ſo werden die Saamen nicht reif. Dieſe ſpringen, wenn ſie reif geworden, von ſelbſt aus einander, wodurch es ſich denn von ſelbſt durch die ganze Winterung ausſäet.

TAB. IX.

Phlox carolina: foliis lanceolatis laevibus, caule ſcabro, corymbis ſubfaſtigiatis. *Linn.* Syſt. Veg. n. 4. p. 199. Sp. Pl. I. n. 4. p. 216. Syſt. Pl. T. I. n. 4. p. 432. *Mill.* Dict. T. III. n. 2. p. 546. Lychnidea caroliniana, floribus quaſi umbellatim diſpoſitis; foliis lucidis craſſis acutis. *Martyn.*

Caulem habet rotundum, hirſutum, ramoſum, foliis adverſis veſtitum; quae tamen verſus ſummitatem caulis alterno aut nullo ordine adnecti ſolent. Sunt autem folia longa, anguſta, in acutum deſinentia, craſſa, lucida, nulla cauda cauli appenſa. Flores in ſummitate caulis quaſi umbellatim aggregantur, hermaphroditi: ova-

IX. KUPFERTAFEL.

Caroliniſche Flammenblume, mit lanzenförmigen, glatten Blättern, rauhem Stamme, und ziemlich horizontal gleichen flachen Blumenſträuſsen. *Linné* Pflanzenſyſt. 5 Th. n. 4. p. 513.

Der Stamm iſt rund, zottig, äſtig, mit gegen einander über ſtehenden Blättern beſetzt, die aber gegen die Spitze deſſelben zu, entweder abwechſelnd oder ohne Ordnung beyſammen ſtehen. Dieſe ſind lang, ſchmahl, ſcharſzugeſpitzt, dicke, glänzend und ungeſtielt. Die Blumen, die auf der Spitze des Stammes gleichſam doldenartig ſtehen,

ovario ſcilicet atque apicibus quinque aureis compoſiti. Ovarium ſtylo ornatur tenui, in tria aut quatuor ſegmenta flava diviſo. Petalon amoene purpureum ex tuba unciali in quinque ſegmenta expanditur. Ex tubae parte ſuperiori ſtamina oriuntur breviſſima, apices ſuſtinentia. Reliquas floris partes involvit calyx tubuloſus quinquefidus.

ſtehen, ſind durchgehends Zwitter-Blüthen, und ſchlieſſen daher einen Fruchtknoten und fünf goldfärbige Staubbeutel ein. Auf erſterm ruht ein ſchmaler Griffel, der in drey bis vier gelbe Abſchnitte geſpalten iſt. Die aus einem einzigen Blate zuſammengeſetzte Blumenkrone iſt ſehr ſchön purpurroth, deren einen Zoll lange Röhre ſich in einen fünfſpaltigen Saum ausbreitet. In der obern Hälfte der Röhre ſitzen die äuſſerſt kurzen Staubfäden, auf welchen die Staubbeutel ruhen. Die übrigen Blüthentheile ſchlieſst der röhrichte fünfſpaltige Kelch ein.

Ex Carolina acceptam primus colebat *Cowellus* quidam hortulanus hoxtonienſis, qui cum aliis prope Londinum hortis poſtea communicabat. Plantis radicis aeſtivo tempore facillime propagatur. Solum amat calidum ac leve. Frigora hyemalia perferre ſolet. Aeſtate floret: ſemina autem ad maturitatem noſtro caelo non perducit.

Cowell, ein Gärtner zu Hoxton, der dieſes Gewächs aus Carolina erhalten, zog ſolches zuerſt, und theilte es nachgehends auch andern Gärten um London mit. Es läſst ſich durch die Theilung der Wurzeln im Sommer leicht fortpflanzen, liebt einen warmen, leichten Boden, und dauert den Winter über aus. Blüht im Sommer, bringt aber ſeine Saamen nicht bey uns zur Reife.

TAB. X.

Aloe diſticha: floribus pedunculatis pendulis ovato-cylindricis curvis. *Linn.* Syſt. Veg. n. 4. p. 337. Sp. Pl. T. I. n. 3. p. 459. Syſt. Pl. T. I. n. 3. p. 86. *Aloe* africana, foliis planis coniugatis, carinatis, verrucoſis, caule et flore corallii colore. *Martyn. Variet. γ.*

Folia huic craſſa, non in orbem poſita, ſed ſibi mutuo incumbentia, et quaſi coniugata; maculis albis obſcure varia; in ſpinam deſinentia; ex lata baſi ſenſim gracileſcentia; circa margines verrucis albicantibus aſpera. Inter folia caulis oritur bipedalis, circa imam partem ex viridi cinereus, in ſummitate vero rubeſcens. Floribus ornatur incurvis, ex rubro, viridi et albo variis, marginibus in ſex ſegmenta diviſis. Apices ſex flavi ſtaminibus totidem albis inſident. Ovarium oblongum, ſex ſulcis diſtinctum, ſtylo ornatur ſimplici albo.

Ex

X. KUPFERTAFEL.

Zweyzeilige oder Zungen-Aloe: mit geſtielten hängenden eyrund-walzenförmigen gekrümmten Blüthen, und in zwo Zeilen ſtehenden ausgebreiteten zungenförmigen Blättern. *Linné* Pflanzenſyſt. 6 Th. n. 3. p. 343. *Dritte Abänderung.*

Die Blätter dieſer Aloe ſind dicke, nicht im Kreiſse herum gelagert, ſondern über einander abwechſelnd, gleichſam paarweiſe gelegt, durch dunkel weiſse Flecken bunt, mit einem Stachel ſich endigend, von ihrer breiten Baſis an allmählig ſich verſchmälernd, und an ihren Rändern durch weiſslichte Warzen rauh. Zwiſchen den Blättern entſpringt der zwey Schuh hohe Stamm, der an ſeiner unterſten Hälfte grünlicht-aſchgrau, an ſeiner obern aber röthlicht iſt. Die Blumen ſind gekrümmt, roth- grün- weiſs-bunt, und an ihrem Saum in ſechs Abſchnitte getheilt. Sechs

gelbe

gelbe Staubbeutel ſitzen auf eben ſo vielen weiſsen Fäden. Auf dem länglichten ſechsfurchichten Fruchtknoten ruht ein einfacher weiſser Griffel.

Ex hortis batavis in Angliam translata, iam multis in locis colitur. Plantis radicis facillime propagatur, et ſemine etiam interdum ſeritur, quod non raro noſtro etiam coelo perficit. Leve atque arenoſum amat ſolum. A pruinis pluviisque hyemalibus defendito, quod hybernaculi nullo igne calentis ope poſſis facere. Aeri autem liberiori exponito, quotiescunque coelum permiſerit.

Dieſe Aloe hat man aus den holländiſchen Gärten nach England gebracht, und wird nun ſchon an vielen Orten gezogen. Sie läſst ſich gar leicht durch die Wurzelſproſſen vermehren, wird aber auch zuweilen aus dem Saamen gezogen, der nicht ſelten bey uns zur Reife kommt. Sie verlangt einen leichten und ſandigten Boden, und muſs von Reif und Regen im Winter beſchützt werden, wozu man nur einer Winterung nöthig hat, in der nicht gefeuert wird. So oft es aber die Witterung verſtattet, muſs man ſie in die freye Luft ſetzen.

HISTORIAE

PLANTARVM RARIORVM

DECAS SECVNDA.

BESCHREIBUNG

SELTENER PFLANZEN

ZWEYTES ZEHEND.

TAB. XI.

Virga aurea marylandica, ſpicis florum racemoſis, foliis integris ſcabris. *Martyn.*

Radice modo tam luxurioſo repente adeo ſe propagat, ut hortum fere totum, niſi arte cohibeas, brevi occupet. Caules attollit ſex aut ſeptem pedes altos, foliis ornatos alternis, utrinque ſcabris, quinque uncias longis, vix unam latis. Quae vero in ſuperiore parte caulis habentur, multo minora ſunt. Florum ſpicae ex racemulis componuntur. Singuli autem flores calyce donantur ſquamoſo.

Ex

XI. KUPFERTAFEL.

Maryländiſche Goldruthe, mit traubenartig beyſammen ſtehenden Blumenähren, und ungetheilten rauhen Blättern.

Dieſe Goldruthe vermehrt ſich durch eine wuchernde Wurzel ſo ſtark, daſs ſie im kurzem den ganzen Garten einnehmen dürfte, wenn ihr nicht die Kunſt Grenzen ſetzen würde. Sie ſchieſst in ſechs bis ſieben Schuh hohen Stämmen auf, die mit abwechſelnd ſtehenden, an beyden Seiten rauhen, fünf Zolle langen, und kaum einen Zoll breiten Blättern beſetzt ſind, von welchen aber die an der obern Hälfte des Stammes viel kleiner ſind. Die Blumenähren

ſind

ſind aus kleinen Trauben zuſammengeſetzt. Jede einzelne Blume iſt mit einem ſchuppichten Kelch umgeben.

Ex Marylandia adductae ſunt radices, Tulipiferae arbori caſu quodam contiguae. Vnde horto Chelſeiano decus haud exiguum additur. Coeli noſtri iniurias non reformidat.

Die Wurzeln, welche zufälligerweiſe an einem Tulpenbaum gehangen, ſind mit ſelbigem aus Maryland gekommen, und nun eine Zierde des Chelſea-Gartens. Sie erträgt den Wechſel unſers Climats leicht.

Daſs auch dem ſeel. Archiater *von Linné* dieſe Pflanze nicht unbekannt geblieben, beweiſst die Anführung dieſer Martyn'ſchen Tafel unter ſeiner Solidago altiſſima Sp. Pl. II. n. 3. Inzwiſchen ſcheint er unſchlüſsig geweſen zu ſeyn, ſie für die nemliche, oder zum wenigſten für eine Abänderung derſelben zu halten. Die befremdende Aehnlichkeit beyder iſt nicht abzuläugnen. Nur wage ich es nicht, die Merkmale anzugeben, wodurch ſich etwa beyde weſentlich von einander unterſcheiden mögten. *P.*

TAB. XII.

Solidago altiſſima: paniculato-corymboſa, racemis recurvis, floribus adſcendentibus, foliis enervis ſerratis. *Linn.* Syſt.Veg. n. 3. p. 763. Sp. Pl. T. II. n. 3. p. 1233. Syſt. Plant. T. III. n. 3. p. 815. Hort. Vpſ. 259. Virga aurea altiſſima ſerotina, panicula ſpecioſa patula. *Rand.* act. philoſ. n. 376. p. 284.

Ex radice repente caules exſurgunt ſex aut ſeptem pedes alti, villis albicantibus hirſuti: foliis veſtiti alternatim aut nullo ordine poſitis, ſeſſilibus, integris, ſubtus hirſutis, quatuor aut quinque uncias longis, vix unciam media parte latis, in utraque extremitate valde anguſtis. Rami undique frequentiſſimi cernuntur, foliis multo minoribus obſiti, in ſpicam ſeu thyrſum ex floribus aureis compoſitum ſinguli deſinentes. Flores pediculis breviſſimis inſident, foliolo ad ſingulorum exortum oppoſito, et ſurſum tantummodo ſpectant. Diſcum habent radiatum, calycem ſquamoſum, placentam nudam. Semina pappo coronantur piloſo, ſeſſili.

Ex

XII. KUPFERTAFEL.

Höchſte Goldruthe, iſt riſpenförmig, flach-blumenſtrauſsartig, mit rückwärtsgekrümmten Blumentrauben, aufſteigenden Blumen, und nervenloſen ſägenartiggezähnten Blättern. *Linné* Pflanzenſyſt. 9 Th. n. 3. p. 394.

Aus einer kriechenden Wurzel entſpringen ſechs bis ſieben Schuh hohe Stämme, die durch weiſslichten Filz rauchhärig ſind. Die Blätter ſitzen an ſelbigen abwechſelnd oder ohne beſondere Ordnung, ſind ungeſtielt, ungetheilt, auf ihrer Unterfläche zottig, vier oder fünf Zolle lang, in der Mitte kaum einen breit, und laufen an beyden Endungen ſehr ſchmal zu. Die überaus zahlreichen Aeſte ſind mit viel kleinern Blättern beſetzt, und endigen ſich einzeln in eine Aehre, oder in einen aus goldfärbigen Blüthen zuſammengeſetzten Blumenſtrauſs. Die Blüthen ſitzen auf überaus kurzen Stielen, an welchen iedem einzelnen noch ein kleines Deckblätchen befindlich, und ſind durchgehends nach aufwärts gewendet. Ihre Scheibe iſt am Rande mit ſtrahlenförmigen Blümchen verſehen; ihr Kelch ſchuppicht,

picht, und ihre Blumenboden nackend. Auf dem Saamen ruht eine haarichte ungeſtielte Saamenkrone.

Ex ſeminibus in horto Chelſeiano ſatis primum quod ſciam, apud nos proveniebat. Plantis radicis vere vel autumno facile propagatur. Coelum noſtrum non male perferre ſolet. Autumno floret: quo tempore Aſteris ſpeciebus ſimul florentibus permiſta, grata varietate aurei purpureique coloris oculos exhilarat.

So viel ich weiſs, wuchs dieſe Pflanze zuerſt in dem Chelſeagarten bey uns ausgeſäeten Saamen auf, läſst ſich auch, im Frühlinge und Herbſt, leicht aus den aus der Wurzel ſchoſſenden Keimen fortpflanzen. Unſer Clima erträgt ſie leicht. Blüht im Herbſt, und zu einer Zeit, wo ſie mit den zugleich blühenden Arten des Sternkrautes, durch die angenehme Mannigfaltigkeit von gold- und purpurfarbnen Blumen Augenweide wird.

TAB. XIII.

Geranium papilionaceum: calycibus monophyllis, corollis papilionaceis: alis carinaque minutis, foliis angulatis, caule fruticoſo. *Linn.* Syſt. Veg. n. 5. p. 613. Sp. Pl. T. II. n. 3. p. 945. Syſt. Pl. T. III. n. 5. p. 308. Hort. Cliff. 345. Hort. Vpſ. 197. *Roy.* lugdb. 353. *Burm.* ger. 49. *Mill.* Dict. n. 27. *Cavan.* IV. t. 112. fig. 1. Geranium africanum arboreſcens flore veluti dipetalo eleganter variegato. *Dill.* Elth. 124. tab. 128. fig. 155. Geranium africanum arboreſcens, malvae folio mucronato, petalis florum inferioribus vix conſpicuis. *Martyn.*

Caudice aſſurgit inaequali, in multos ramos diviſo, ac tomento copioſo obducitur. Foliis nullo ordine poſitis veſtitur, anguloſis, utrinque hirſutis, graveolentibus. Flores in umbella naſcuntur ſimplici, perianthio ex quinque, ſex, aut ſeptem foliolis conſtante, ornata. Petala in ſingulis floribus quinque, quorum duo maiora ex anguſta baſi in latum deſinant, cordata, coloris carnei, in media autem parte macula ſaturatiore ornata; et ſtriis palleſcentibus diſtincta. Alia vero tria valde anguſta ſunt, et fere inconſpicua. Ovarium ſtylo

XIII. KUPFERTAFEL.

Schmetterlingsblumiger Storchſchnabel; mit einblätterigten Kelchen, ſchmetterlingsförmigen Blumen, überaus kleinen Flügeln und Nachen, eckigten Blättern, und einem ſtrauchartigen Stamm. *Linné* Pſl. Syſt. 4 Th. n. 3. p. 125.

Der Stamm iſt ungleich, ſtarkäſtig, und ſehr filzig. Die Blätter, die an ſelbigem ohne beſondere Ordnung ſitzen, ſind eckigt, auf beyden Seiten zottig, und vom ſehr heſtigen Geruch. Die Blumen ſtehen in einer einfachen Dolde, die mit einer fünf- ſechs- auch ſiebenblätterigten allgemeinen Doldenhülle umgeben iſt. Jede einzelne Blume beſteht aus fünf Kronblättern, deren zwey gröſſere von ihrer ſchmalen Baſis an breiter werden, herzförmig, fleiſchfärbig, in der Mitte miteiner dunkelfärbigern Flecke, und mit hellfärbigen Streiffen gezeichnet ſind.

ſtylo ornatur ſuaverubente, in extremitate quinqueſido. Apices quinque miniati ſtaminibus totidem albeſcentibus innituntur. Hae autem floris partes calyce in ſegmenta quinque reflexa diviſo teguntur.

Eodem modo colitur quo Geranium africanum in Decade prima deſcriptum coli ſolet.

ſind. Die andern drey Kronblätter ſind ſehr ſchmal und beynahe unſcheinbar. Auf dem Fruchtknoten ruht ein hellrother Griffel, der an ſeiner Spitze fünfſpaltig iſt. Fünf mennigrothe Staubbeutel ſitzen auf eben ſo vielen weiſslichten Fäden. Alle dieſe Blumentheile aber werden von einem in fünf rückwärtsgebogene Einſchnitte abgetheilten Kelche umgeben.

Man zieht dieſen Storchſchnabel auf die nemliche Art wie bey dem im erſten Zehend gedachten afrikaniſchen angegeben worden iſt.

TAB. XIV.

Geranium laciniatum: caule herbaceo, foliis oppoſitis profundiſſime trifidis: laciniis pinnatis linearibus, pedunculis elongatis umbelliferis, receptaculo longiſſimo. *Cavan.* diſſ. 4. p. 228. n. 321. tab. 113. ſig. 3. Geranium ſolio Alceae tenuiter laciniato, flore pentapetalo purpuraſcente, ſemine tenui. *Boerh.* Ind. 266. *Martyn.*

Radice nititur lignoſa, primo ſimplici, poſtea vero in brachia plura varie diviſa, altius in terram inſixa. Hinc ſolia prodeunt numeroſa, per terram ſparſa, oblonga, atque Alceae in modum laciniata; caudis adnexa uncialibus aut biuncialibus inferius convexis, ſuperius vero planis et ſulcatis, pilis albicantibus aſperis. Ex horum medio caules exurgunt ramoſi tenues et procumbentes, ad genicula nodoſi, et foliis ornati longis caudis innixis, magisque quam inferioribus laciniatis. Ex geniculis etiam prodeunt radii quatuor uncias longi, quorum ſinguli umbellam quinque aut plurium florum ſuſtinent, irregularium: petala nempe tria ſuperiora eiusdem ſere ſunt magnitudinis, duo autem inferiora his aliquot breviora: omnia quidem purpurea, atque in extremitatibus obtuſa. Calyx his obducitur viridis in quinque ſegmenta ſulcata,

XIV. KUPFERTAFEL.

Zerſchliſſener Storchſchnabel, mit einem krautartigen Stamme, gegenüber ſtehenden überaus tief dreyſpaltigen Blättern, deren Lappen geſiedert und gleichbreit ſind, verlängerten doldentragenden Blumenſtielen, und einem ſehr langen Saamengehäuſe. *Cavanilles.*

Die Wurzel iſt holzicht, anfangs einfach, nachgehends aber verſchiedentlich in mehrere Aeſte getheilt, und geht tief in die Erde. Aus ihr entſpringen zahlreiche, auf der Erde ſich ausbreitende, länglichte, und wie an der Pappel zerſchliſſene Blätter, die auf einen- auch zwey Zoll langen Stielen ſitzen, unterwärts gewölbt, oberwärts aber flach und gefurcht, und durch weiſslichte Härchen rauch ſind. Aus dem Mittelpunkte derſelben kommen äſtige, zarte, liegende, an den Gelenken knotige Stämme heraus, die mit lange geſtielten, und ſtärker als die untern zerſchliſſenen Blättern beſetzt ſind. Aus den Gelenksknoten entſpringen vier Zoll lange Stiele, deren ieder einzelner eine aus fünf oder mehrern unregelmäſsigen Blüthen beſtehende Dolde trägt; weil die drey obern Blätter faſt von gleicher Gröſſe, die beyden untern aber um etwas kürzer ſind; alle aber ſind

cata, acuta, divisus. Fructus succedit, ut in reliquis Geraniis rostratus; rostro tenui, biunciali et longiori. Semina hinc inde spargens matura.

sind purpurroth, und an ihren Spitzen stumpf. Der sie umgebende Kelch ist grün, und in fünf gefurchte spitzige Einschnitte abgetheilt. Wie bey andern Storchschnabeln, folgt auf sie ein schnabelförmiges Saamengehäuss, dessen Schnabel dünne, zwey Zolle lang, auch darüber ist. Die reifen Saamen streuen sich von selbst aus.

Ad hortum Chelseianum primo misit Clarissimus *Boerhaavius*, postea vero in horto Lugduno-Batavo semina collegit *Millerus*: unde ista cuius effigiem et descriptionem iam exhibemus planta proveniebat. Semina sponte sua serit, quae nullo cogente facile adolescunt.

Durch den berühmten *Boerhaave* kam dieses Gewächs zuerst in den Garten zu Chelsea, darauf erhielte *Miller* aus dem Leidner Garten auch Saamen hievon, und woraus auch diese Pflanze erwuchs, die ich hier beschrieben und abgebildet habe. Die Saamen streuen sich von selbst aus, die sodann ohne weitere Pflege von selbst gedeihen.

TAB. XV.

Euphorbia characias: umbella multifida; bifida, involucellis perfoliatis emarginatis, foliis lanceolatis integerrimis, caule frutescente. *Linn.* Syst. Veg. n. 69. p. 454. Sp. Pl. T. I. n. 61. p. 662. Syst. Pl. T. II. n. 64. p. 457. Amoen. Acad. III. p. 126. Hort. Cliff. 199. Hort. Vps. 142. *Roy.* lugdb. 197. Tithymalus characias rubens peregrinus. *Bauh.* pin. 290. Tithymalus characias I. *Clus.* hist. 2. p. 188. Tithymalus creticus characias angustifolius villosus et incanus. *Tournef.* Cor. 1. *Martyn.*

Caulis huius in exortu rubet, in superiore vero parte virescit: tomento etiam obducitur: et cortice qui pro more Tithymalorum lacte acerrimo abundat, tegitur. Folia sessilia caulem undique denso agmine cingunt, longa, angusta, acuminata, nervo per mediam longitudinem decurrente; superne glauca, inferne canescentia et villosa. Versus summitatem caulis ex singulis foliorum alis prodit pediculus uncialis, villosus, perianthii unifolii medio infixus. Perianthium autem pelvis ovatae figuram refert, circa

XV. KUPFERTAFEL.

Thal-Euphorbie: mit anfangs vielspaltiger, hernach zweyspaltiger Blumendolde, die vom Stiel durchstochene ausgeschnittene Hüllen hat, glatträndigen Blättern, und strauchartigem Stamm. *Linné* Pflanzensyst. 7 Th. n. 64. p. 85.

Der Stamm ist unterwärts röthlicht, oberwärts aber grünlicht, filzig, und mit einer Rinde überzogen, die wie alle Wolfsmilcharten, mit einer überaus scharfen Milch überladen ist. Die Blätter sind ungestielt, umgeben überall dichte den Stamm, und sind lange, schmal, scharf zugespitzt, und mit einem mitten durch sie laufenden Nerven versehen; auf ihrer Oberfläche grau, auf ihrer untern aber weisslicht und zottig. Gegen die Spitze des Stammes entspringt aus jedem einzelnen Blatwinkel ein zolllanger,

circa mediam longitudinem utrinque crena laevi notatae, adeo, ut e duobus foliis quodammodo conſtari videatur. Ex medio perianthii huiusce, breviſſimo aut nulli pediculo inſidens oritur flos hermaphroditus, unico donatus petalo, viridi, in quatuor ſegmenta, lata, reflexa, obſolete purpurea expanſo. Mediam floris partem occupant ſtamina vireſcentia, apices luteos duplices ſuſtinentia. Haec autem pediculum cingunt, qui ovarium ſupra petalon eminens ſuſtinet. Ovarium etiam villis totum incanum eſt, ſtylo ſextuplici ornatum, atque in fructum tandem abit tricoccum. Ab utroque floris latere, ex imo Perianthii, alius oritur pediculus brevis aliud etiam perianthium ſuſtinens; aliumque eiusdem ſtructurae florem geſtans.

langer, zottiger Stiel, der mitten in der allgemeinen Doldenhülle befeſtiget iſt. Dieſe hat die Geſtalt eines eyförmigen Beckens, das in der Mitte der Länge nach auf beyden Seiten mit einer mäſsigen Einkerbung verſehen iſt, ſo daſs es einigermaſſen aus zwey Blättern zu beſtehen ſcheint. Aus der Mitte dieſer allgemeinen Doldenhülle entſpringt eine auf einem äuſſerſt kurzen Stiel ſitzende oder ganz ſtielloſe Zwitterblume, die aus einem einzigen grünen Kronblate beſteht, das in vier breite, rückwärtsgeſchlagene, verblichen purpurrothe Einſchnitte abgetheilt iſt, und in der Mitte derſelben ſtehen die grünlichten Staubfäden, welche gelbe paarweiſe auf ihnen ruhende Staubbeutel unterſtützen. Dieſe ſtehen noch auf einem beſondern Stiel, der an dem über das Kronblat hinausragenden Fruchtknoten befeſtiget iſt. Dieſer iſt durch weiſslichte Härchen grau, mit einem ſechsfachen Griffel verſehen, und wird endlich zu einem drey Saamenkörner einſchlieſsenden Gehäuſe. Noch kommt zu unterſt aus der allgemeinen Blumenhülle, an beyden Seiten der Blüthe, ein anderer kurzer Stiel hervor, der abermals ſeine eigene Blumenhülle hat, und eine eben ſolche Blüthe von gleicher Bauart unterſtützt.

Surculis avulſis vere vel aeſtate ſeritur. Tres aut quatuor dies loco umbroſo eos reponito; deinde vero terrae ſabuloſae committito. Idque eo plane modo ut ſolem matutinum excipiant, meridianum vero fugiant. Frequenter ſed parca manu irrigato. Hi autem ſurculi ſex circiter hebdomadum ſpatio radices in terram agent: quo tempore in vaſa fictilia eos transferri poteris, quae accedente hyemali frigore in hybernaculum ſunt inferenda. Sunt etiam qui terrae vulgari malunt committere; ſi vero hoc feceris, iuxta ſepem ſerito, quae plantas tuas ab aquilonis eurique iniuriis poſſit defendere. Semina ad maturitatem; ſub noſtro coelo ſolet perducere, quae verno tempore ſata facile adoleſcunt.

Man kan dieſe Wolfsmilch durch abgenommene Wurzelſproſſen im Frühlinge ſowohl als im Herbſte fortpflanzen. Sie müſſen aber vorhero drey bis vier Tage an einem ſchattichten Orte liegen, und alsdann erſt in ſandigte Erde gepflanzt werden, und zwar ſo, daſs ſie nur der Morgen- nicht aber der Mittagsſonne ausgeſetzt ſind. Auch muſs man ſie oft, aber nie zu ſtark anfeuchten. Nach einem Zeitraum von ſechs Wochen werden ſie alsdann Wurzel ſchlagen, wornach man ſie in Blumentöpfe verſetzen kan, um ſie bey dem herannahenden Winter vor dem Froſt in der Winterung zu ſchützen. Einige pflanzen ſie auch in gemeine Gartenerde, nur muſs man ſie alsdann an Zäune ſetzen, damit ſie vor den Nord- und Oſtwinden geſichert ſind. Die Saamen werden unter unſerm Clima reif, und

und gehen auf, wenn man ſie im Frühlinge ausſäet.

Dieſe Euphorbie iſt höchſtwahrſcheinlich nur eine derienigen Abänderungen, deren auch ſchon *Linné* a. a. O. gedacht hat.

TAB. XVI.

Scutellaria orientalis: foliis inciſis ſubtus tomentoſis, ſpicis rotundato tetragonis. *Linn.* Syſt.Veg. n. 1. p. 546. Spec. Pl. T. II. n. 1. p. 834. Syſt. Pl. T. III. n. 1. p. 97. Hort.Cliff. 316. Hort.Vpſ. 173. *Roy.* lugdb. 310. Caſſida orientalis, folio chamaedryos flore luteo. *Tournef.* cor. 11. it. III. p. 306. t. 306. *Comm.* rar. 30. tab. 30.

Radicem habet fibroſam, caules ramoſos repentes, rubeſcentes, foliis veſtitos profunde crenatis, ſuperne ſplendide virentibus, inferne albeſcentibus, caudis vix uncialibus appenſis. Flores gerit labiatos in ſummis caulibus, quorum ſinguli folio cymbae inſtar, paulo infra florem ipſum exorto, excipiuntur. Calyx exiguus admodum conſpicitur, ex quo petalon praelongum erigitur, pallide luteum, barbam habens flavam, in medio leviter crenatam, galeam fornicatam, integram, ac fauces reflexos.

Semina huius plantae facile proveniunt, ſi terrae levi verno tempore commiſeris. Quin et rami repentes numeroſam ſobolem proferre ſolent. Solum ſiccum, atque ab Aquilone Euroque defendi amat.

XVI. KUPFERTAFEL.

Morgenländiſches Helmkraut, mit eingeſchnittenen, auf der untern Fläche filzigen Blättern, und rundlicht-vierekigten Blumenähren. *Linné* Pflanzenſyſt. 7 Th. n. 1. p. 568.

Die Wurzel iſt zaſericht. Die Stämme äſtig, kriechend und röthlicht. Die Blätter, womit dieſe beſetzt ſind, ſind tief eingekerbt, oberwärts glänzend grün, unterwärts aber weiſslicht, und ſitzen auf kaum Zoll langen Stielen. Die Blüthen ſtehen auf den Spitzen des Stammes, und ſind Lippenblumen, deren iede einzelne von einem etwas unter denſelben entſpringenden kahnförmigen Blatte umgeben wird. Der Kelch iſt klein, und umgiebt ein länglichtes bleichgelbes Kronblat, das einen gelben, in der Mitte einigermaſſen gekerbten Bart, einen gewölbten ungetheilten Helm, und einen rückwärtsgeſchlagenen Rachen hat.

Der Saame dieſer Pflanze geht gerne auf, wenn man ihn im Frühlinge in leichte Gartenerde ſäet. Auch durch kriechende Aeſte läſst ſie ſich in hinreichender Menge fortpflanzen. Sie verlangt einen trockenen Standort, und will gegen die Nord- und Oſtwinde beſchützt ſeyn.

TAB. XVII.

Aſter grandiflorus: foliis amplexicaulibus lingulatis integerrimis, ramis unifloris, calycibus ſqarroſis. *Linn.* Syſt. Veg. n. 22. p. 762. Sp. Pl. T. II. n. 32. p. 131. Syſt. Pl. T. III. n. 22. p. 809. *Mill.* Ic. tab. 282. *Gron.* virg. 99; 124. Aſter grandiflorus aſper: ſquamis reflexis. *Dill.* Elth. 41. tab. 36. f. 41. Aſter virginianus pyramidatus hyſſopi foliis aſperis, calycis ſquamulis foliaceis. *Rand. Martyn.*

Ex eadem radice caules plurimi exurgunt, rigidi, nonnihil rubentes, ramoſi, foliis nullo ordine poſitis, ſeſcuncialibus, anguſtis veſtiti. Ramuli ſinguli unico terminantur flore diſcoide, radiato: ex diſco ſcilicet floſculorum luteorum, et radio ſemifloſculorum coloris ex purpureo caerulei compoſito. Semen pappo piloſo coronatur. Calyx conum inverſum refert; multis foliorum ordinibus a flore extantium ſquamoſus.

Hanc plantam aliquot abhinc annis ex Virginia *Catesbeii* beneficio accepit *Fairſchildus* hortulanus celeberrimus: qui cum aliis hortis communicavit. Tempeſtates noſtras niſi peſſimae fuerint, perferre ſolet. Plantis radicis propagatur. Floret ab *Octobris* initio ad *Decembrem* uſque. Semina autem ad maturitatem noſtro coelo nondum perduxit.

XVII. KUPFERTAFEL.

Groſsblumige Sternblume: mit glatträndigen zungenförmigen, den Stamm umfaſſenden Blättern, einblumigen Aeſten, und ſparrichten Kelchen. *Linné* Pflanzenſyſt. 9 Th. n. 22. p. 384.

Aus der nehmlichen Wurzel entſpringen überaus viele ſteife, einigermaſſen röthlichte Stämme, die ſich in zahlreiche Aeſte abtheilen, und die mit anderthalb Zoll langen, ſchmalen, ohne beſondere Ordnung ſtehenden Blättern beſetzt ſind. Jeder einzelne Aſt endigt ſich mit einer geſtrahlten Scheibenblume, die nemlich aus gelben Scheibenblümchen, und purpurrothen Strahlenblümchen beſtehet. Der Saame iſt mit einer haarichten Saamenkrone gekrönt. Der Kelch ſtellt einen umgekehrten Kegel vor, der ein durch mehrere Reihen von der Blume abſtehenden Blüthen ſchuppichtes Anſehen erhalten.

Dieſe Pflanze hat vor mehrern Jahren ein berühmter Gärtner, *Fairſchild,* durch *Catesby's* Verwendung aus Virginien erhalten, der ſie alsdann auch andern Gärten mitgetheilt hat. Sie erträgt unſere Witterung, wenn ſie nur nicht allzuſchlimme iſt, läſst ſich durch Wurzelſchoſſen fortpflanzen, und blüht vom Anfang des *Octobers* bis in den *December,* hat aber bey uns noch keinen reifen Saamen gebracht.

TAB. XVIII.

Buphthalmum helianthoides: foliis oppoſitis ovatis ſerratis triplinerviis, calycibus folioſis, caule herbaceo. *Linn.* Syſt. Veg. n. 11. p. 781. Sp. Pl. T. II. n. 10. p. 1275.

XVIII. KUPFERTAFEL.

Sonnenblumenartiges Rindsauge, mit eyrunden ſägenartig - gezähnten, dreyfach - nervichten, einander gegenüberſtehenden Blättern, blätterichten Kelchen,

p. 1275. Syſt. Pl. T. III. n. 10. p. 882. Hort. Vpſ. 264. *Gron.* virg. 127. Chryſanthemum ſcrophulariae folio americanum. *Pluk.* alm. 99. tab. 22. fig. 1. Chryſanthemum virginianum, foliis glabris ſcrophulariae vulgaris aemulis. *Moriſ.* hiſt. 3. p. 24. ſ. 6. tab. 3. fig. 69. *Rai* Suppl. 211. Corona ſolis caroliniana, parvis floribus, folio trinervi amplo aſpero, pediculo alato. *Rand.* act. philoſ. n. 395. p. 125. *Martyn.*

chen, und einem krautartigen Stamme. *Linné* Pfl. Syſt. 9 Th. n. 10. p. 552.

Caulem habet rubentem, pilis rigidis albicantibus aſperum; medulla farctum, ramoſum. Folia etiam pilis albidis utrinque aſpera, nervis tribus magis conſpicuis inſigniuntur, marginibus criſpis. Florem habet diſcoidem, radiatum; ex diſco ſcilicet floſculorum luteorum, et radio ſemifloſculorum flavi coloris compoſitum. Placenta glumis longis in alveum flexis ornatur. Calyce donatur ſquamoſo. Odorem reſinoſum vehementer ſpirat.

Der Stamm iſt röthlicht, durch ſteiſe weiſslichte Härchen rauh, mit Mark angefüllt und in mehrere Aeſte getheilt. Auch die Blätter ſind auf ihren beyden Flächen durch weiſse Haare rauh, zeichnen ſich noch durch drey anſehnliche Blatnerven, und durch einem krauſen Rand aus. Die Blume iſt ſcheibenförmig und geſtrahlt. Die Scheibe beſteht aus hellgelben Blümchen, und der Strahl aus dunkelgelben Halbblümchen. Der Blumenboden iſt mit langen Spreublätchen beſetzt. Der Kelch iſt ſchuppicht. Die ganze Pflanze duftet einen heſtigen harzichten Geruch aus.

Hanc plantam Carolinae indigenam primus invenit *Catesbaeus*, atque ad hortum Chelſeianum transmiſit. Floret a *Septembris* fine ad medium uſque *Novembrem*. Semina apud nos nondum ad maturitatem perduxit. Plantis radicis propagatur, atque a pruinarum hyemalium ſaevitie defendi debet.

Catesby hat dieſe in Carolina einheimiſche Pflanze zuerſt entdeckt, und in den Chelſeagarten geſendet. Sie blühet vom Ende des *Septembers* bis in die Mitte des *Novembers*. Die Saamen ſind bey uns noch nicht reif geworden. Sie läſst ſich durch Wurzelſproſſen fortpflanzen, muſs aber vor den ſtrengen Winterreifen ſorgfältig in Acht genommen werden.

TAB. XIX.

Caſſia liguſtrina: foliis ſeptemiugis lanceolatis: extimis minoribus, glandula baſeos petiolorum. *Linn.* Syſt. Veg. n. 24. p. 394. Sp. Pl. T. I. n. 18. p. 341. Syſt. Pl. T. II. n. 19. p. 254. Hort. Cliff. 199. Hort. Vpſ. 100. *Gron.* virg. 47. *Roy.* lugdb. 467. Senna liguſtri folio. *Plum.* ſpec. 10. *Dill.* elth. 350. tab. 259. fig. 338. Caſſia baha-

XIX. KUPFERTAFEL.

Liguſterartige Caſſie: mit ſiebenpaarigen lanzettförmigen Blättern, deren äuſſere am kleinſten ſind, und mit einer Drüſe an der Baſis der Blatſtiele. *Linné* Pfl. Syſt. 3 Th. n. 19. p. 519.

bahamenſis, pinnis foliorum mucronatis anguſtis, calyce floris non reflexo. *Martyn.*

Caulis huic ad imum rotundus, circa ſummitatem vero ſulcatus, et quaſi anguloſus, viridis, tomento albicante obſitus. Foliis veſtitur pariter pinnatis, ex ſeptem aut octo pinnarum paribus compoſitis. Singulae autem pinnae oblongae ſunt et anguſtae, ex baſi ſubrotunda in acumen deſinentes. Flores in caulis ac ramorum ſummitatibus conſpiciuntur multi, pentapetali, hermaphroditi. Apices quatuor, brevibus innixi ſtaminibus, mediam floris partem iuxta ovarium occupant. Alii autem duo ſtaminibus longioribus inſident, inter quae ſtylus ſe oſtendit, viridis, incurvus. Apices ſinguli cum ſtaminibus ſuis coloris ſunt pallide flavi. Petala habet quinque, aurea, quorum tria maiora ſunt, alia duo minora, et quaſi concava. Inter petala maiora et ſtamina brevia, folia tria oriuntur, pallidi coloris, ſe mutuo non contingentia. Inter ſtamina longiora, iuxta ſtylum, aliud oritur foliolum, anguſtius multo, et haſtae in modum cuſpidatum. Calyx ex quinque ſoliis concavis vireſcentibus componitur.

Hanc Caſſiae ſpeciem ex inſulis Bahamenſibus Anno 1726 attulit *Catesbaeus*, et multis cum hortis communicavit: nullibi vero flores protuliſſe accepi praeter in horto clariſſimi *Wageri* et Chelſeiano. Semina verno tempore in pulvino calente ſerito: atque eodem eum Amaranthis more colito. Autumno floret. Per hyemem haud facile conſervatur. Semina apud nos ad maturitatem nondum perduxit.

Der Stamm dieſer Caſſie iſt zu unterſt rund, gegen ſeine Spitze zu aber gefurcht, und gleichſam eckigt, grün, und mit einem weiſſen Filze überzogen. Die Blätter ſind geſiedert, und beſteht iedes einzelne aus ſieben bis acht Paaren kleinern Blätchen. Jedes einzelne Blätchen iſt länglicht, ſchmal, und geht von ſeiner ziemlich runden Baſis in eine ſteife Spitze aus. Die zahlreichen auf den Endungen des Stammes und der Aeſte ſtehenden Blüthen, ſind fünfblätterigt, und zwitterartig. Vier Staubbeutel, die auf kurzen Fäden ruhen, ſitzen neben dem Fruchtknoten, in der Mitte der Blüthe, und noch zwey andere ſind auf etwas längern, zwiſchen welchen der grüne einwärts gekrümmte Griffel ſich befindet, befeſtiget. Alle Staubbeutel ſind ſo wie ihre Fäden bleichgelb. Die Blüthen beſtehen aus fünf gelbfarbigen Kronblättern, von welchen drey ziemlich gröſſer als die beyden kleinern und gleichſam ausgehölt ſind. Zwiſchen den gröſſern Kronblättern und den kurzen Fäden erheben ſich drey bleichgelbe Blätchen, die aber ſich einander nicht nähern. Zwiſchen den längern Staubfäden, zunächſt an dem Griffel, entſpringt ein anderes Blätchen, das um vieles ſchmäler, und in Form einer Lanze ſcharf zugeſpitzt iſt. Der Kelch beſtehet aus fünf ausgehölten grünlichten Blätchen.

Dieſe Caſſie brachte im Jahr 1726 *Catesby* aus den Bahamiſchen Inſeln hieher, und theilte ſolche mehrern Gärten mit; doch ſoll ſie nirgends auſſer in dem *Wager*ſchen und Chelſeiſchen Garten geblühet haben. Die Saamen müſſen im Herbſte in ein Treibbeet geſäet, und wie die Amaranthe gepfleget werden. Sie blühet im Herbſt. Den Winter über läſst ſie ſich kaum erhalten. Die Saamen ſind bey uns noch nicht reif geworden.

TAB. XX.

Caſſia occidentalis: foliis quinque-iugis ovato-lanceolatis margine ſcabris: exterioribus maioribus, glandula baſeos petiolorum. *Linn.* Syſt. Veg. n. 12. p. 393. Sp. Pl. T. II. n. 11. p. 539. Syſt. Pl. T. II. n. 10. p. 251. Hort. Cliff. 159. *Roy.* lugdb. 467. Senna occidentalis, odore opii viroſo, orobi pannonici foliis mucronatis glabra. *Comm.* hort. I. p. 51. tab. 26. Caſſia barbadenſis pinnis foliorum mucronatis calyce floris non reflexo. *Martyn.* Caſſia decaphylla, orobi pannonici foliis mucronatis. *Rand.* act. phil. n. 383. p. 93.

Caulem habet rotundum, hirſutum. Folia pariter pinnata: pinnis ex lato in acutum ſenſim deſinentibus. Petala quinque flava. Stamina ſex, eiusdem cum petalis coloris: apicibus, qui ſtaminibus duobus longioribus inſident faſcis. Folia tria, iuxta quatuor ſtamina breviora conſpiciuntur anguſta et ſe mutuo non contingentia.

Semine ab inſula Barbadoes miſſo Anno 1723 in horto Chelſeiano proveniebat. Eodem anno flores proferebat, et primo vere ſtaminibus maturis moriebatur. Hinc propagata iam variis in hortis, curioſorum colitur. In pulvino calente ſerenda eſt, et eodem fere modo, quo Amaranthi coli ſolent, colenda. In hybernaculo ſervari oportet: ſi tempeſtas mala fuerit. Vere primo ſata, eodem anno ſemen perficit.

XX. KUPFERTAFEL.

Weſtindiſche Caſſie, mit fünfpaarigen, eyrund-lanzettförmigen, am Rande rauhen Blättern, von denen die äuſſern gröſſer ſind, und mit einer Drüſe an der Baſis der Blatſtiele. *Linné* Pfl. Syſt. 3 Th. n. 10. p. 512.

Der Stamm iſt rund und zottig. Die Blätter ſind eben ſo gefiedert, und beſtehen aus anfangs breiten ſtufenweiſe aber mit einer Spitze ſich endigenden Blätchen oder Federſtücken. Kronblätter ſind fünf zugegen: Staubfäden aber ſechs, die von der nehmlichen Farbe, wie iene ſind. Die Staubbeutel ſind braun, und ſitzen nur auf den zwey längern. Zunächſt an den vier kürzern Staubfäden befinden ſich drey ſchmale Blätchen, die einander aber ſich nicht nähern.

Dieſe Caſſie erwuchs aus Saamen, der im Jahr 1723 aus Barbados in den Garten zu Chelſea kam. Sie blühete in eben dieſem Jahre, welkte aber ſchon im erſten Frühlinge wieder hin, nachdem ſie zuvor reifen Saamen angeſetzet hatte. Von da aus hat ſie ſich nun vermehret, und wird gegenwärtig ſchon in verſchiedenen botaniſchen Gärten gezogen. Man muſs ſie in ein Treibbeet ſäen, und ſie eben ſo, wie die Amaranthe, behandeln. Sie muſs auch in der Winterung behalten werden, zumahl wenn ungünſtige Witterung einfällt. Wenn ſie im Frühlinge ausgeſäet worden, ſo reift ſie in dem nehmlichen Jahre ihren Saamen.

HISTORIAE PLANTARVM RARIORVM

DECAS TERTIA.

TAB. XXI.

Caſſia marylandica: foliis octoiugis ovato-oblongis aequalibus, glandula baſeos petiolorum. *Linn.* Syſt.Veg. n. 27. p. 349. Spec. Pl. T. I. n. 20. p. 541. Syſt. Pl. T. II. n. 21. p. 255. Hort. Cliff. 159. Hort. Vpſ. 100. Caſſia mimoſae foliis, ſiliqua hirſuta. *Dill.* Elth. 351. tab. 260. f. 339. Caſſia marylandica pinnis foliorum oblongis, calyce floris reflexo. *Martyn.*

Ex radice repente plures exurgunt caules rotundi, pilis albicantibus rarioribus obſiti ramoſi. Caulem ramosque alternatim, aut nullo ordine, veſtiunt folia pariter plerumque pinnata; ex novem circiter pinnarum oblongarum paribus compoſita. In eadem planta unum alterumve folium impariter pinnatum obſervare licet. Pars caudae ſupina tuberculo inſignitur. Ex alis foliorum in pediculis ramoſis flores proveniunt pentapetali. Petala quidem coloris ſunt flavi, concava, duobus erectis, reliquis tribus dependentibus. Stylum incurvum, tomento albicante veſtitum. Stamina conſpiciuntur ſeptem, eiusdem plane cum petalis coloris, tria compreſſa; reliqua quatuor teretiuſcula, multo breviora, mediam floris partem occupantia. Stamina autem ſingula apicem ſuſtinunt ex nigro fuſcum. In floris parte ſuperiore, paullo infra petala erecta, tria oriuntur foliola, ſe mutuo contingentia, flavi coloris, marginibus verſus partem ſuperiorem criſpis, ex flavo fuſcis. Calyx in quinque ſegmenta reflexa ſcinditur. Planta ad quatuor pedum altitudinem aſſurgit.

Hanc

BESCHREIBUNG SELTENER PFLANZEN

DRITTES ZEHEND.

XXI. KUPFERTAFEL.

Marylandiſche Caſſie: mit achtpaarigen, eyrunden länglichten Blättern, die alle von gleicher Länge ſind; und einer Drüſe an der Baſis der Blatſtiele. *Linné* Pflanzenſyſt. 3 Th. n. 21. p. 520.

Aus einer kriechenden Wurzel entſpringen mehrere runde äſtige Stämme, die hie und da mit weiſſen Härchen beſetzt ſind. Theils an dem Stamm, theils an den Blättern ſitzen abwechſelnd, oder auch ohne beſondere Ordnung, gröſstentheils gefiederte Blätter, die ohngefehr aus neun länglichten Federſtücken beſtehen: auch wird auf der nehmlichen Pflanze hie und da ein einzelnes ungepaartes Blätchen bemerkt. Oberwärts am Blatſtiel befindet ſich eine kleine Drüſe. Aus den Blatwinkeln kommen auf äſtigen Stielen fünfblätterichte Blumen heraus. Die Blumenblüthen ſind gelb, ausgehölt, zwey davon ſtehen aufrecht, die drey übrigen aber hängen abwärts. Der Griffel iſt gekrümmt, und mit einem weiſslichten Filze überzogen. Die ſieben Staubfäden ſind von der nehmlichen Farbe, wie die Blumenblätchen, drey davon ſind zuſammengedrückt, die vier andern aber rundlicht, um vieles kürzer, und ſitzen mitten in der Blume. Jedes von dieſen Staubfäden unterſtützt einen dunkelbraunen Staubbeutel. Oberwärts an den Blüthen, etwas unterhalb den aufrechtſtehenden Blumenblätchen,

blätchen, ſitzen noch drey beſondere Blätchen, die ſich wechſelsweiſe an einander ſchlieſsen, gelb, und oberwärts an ihren Rändern kraus und gelbbraun ſind. Der Kelch iſt in fünf zurückgeſchlagene Einſchnitte geſpalten. Die ganze Pflanze wird vier Schuh hoch.

Hanc plantam Anno 1723 ex Marylandia accepit *Petrus Collinſon*, civis Londinenſis, plantarum rariorum cultor non incelebris: cuius in horto ab illo tempore flores quotannis circa ſinem *Auguſti* protulit. In horto etiam Chelſeiano ab illo accepta colitur. Plantis radicis propagatur. Solum amat calidum ac ſiccum, atque inter omnes Caſſiae ſpecies hactenus nobis cognitas, haec ſola hyemis ſaevitiam nullo tecto munita ſuſtinet.

Dieſe Pflanze erhielte im Jahr 1723 *Peter Collinſon* zu London, ein berühmter Liebhaber ſeltener Gewächſe, aus Maryland, in deſſen Garten ſie von dieſer Zeit an iährlich zu Ende des *Auguſts* geblühet hat. In dem Chelſeagarten, dem er ſie mitgetheilt, wird ſie ebenfalls gezogen. Sie läſst ſich durch ihre Wurzeln fortpflanzen, liebt einen warmen und trockenen Boden, und iſt die einzige unter allen bisher bekannten Caſſienarten, welche den Winter hindurch ohne alle Bedeckung ausdauert.

TAB. XXII.

Craſſula ſcabra: foliis oppoſitis patentibus connatis ſcabris ciliatis, caule retrorſum ſcabro. *Linné* Syſt. Veg. n. 5. p.304. Sp.Pl. T.I. n.11. p.405. Syſt.Pl. T.I. n.5. p.770. *Mill.* Dict. n.5. *Berg.* cap. 84. Craſſula Meſembryanthemi facie, foliis longioribus aſperis. *Dill.* Elth. 117. tab.99. fig.117. Cotyledon africana fruteſcens; foliis aſperis, anguſtis acuminatis, flore vireſcente. *Martyn.* Ficoides afra fruteſcens, foliis aſperis longis, anguſtis cruciatim diſpoſitis. *Boerhaav.* Ind. 292.

A radice fibroſa caudicem attollit ex rubro viridem, et per aetatem plerumque caſtaneum, foliis veſtitum adverſis, ſeſſilibus, craſſis, ſucculentis, ex lata baſi in acutum mucronem deſinentibus. Tam caudex quam folia bullis albidis ubique ſunt aſpera. Flores in faſciculis diſponuntur, androgyni, apicibus nempe quinque aureis, ſtaminibus totidem albis innixis, et

ovario

XXII. KUPFERTAFEL.

Rauhes Dickblat: mit gerade gegen einander über ſtehenden, rauhen, am Rande gefranzten Blättern, und rückwärts rauh anzufühlenden Stamm. *Linn.* Pflanzenſyſt. 6 Th. n. 5. p. 275.

Aus einer zaſerichten Wurzel kommt ein röthlicht grüner Stamm heraus, der im Alter gröſstentheils caſtanienbraun wird. Die Blätter an ſelbigem ſtehen gegen einander über, ſind ungeſtielt, dicke, ſaftig, und laufen von ihrer breiten Baſis an in eine ſcharfe Spitze aus. Der Stamm ſowohl als die Blätter ſind überall durch weiſslichte Bläſschen rauh. Die Blumen ſtehen in Büſcheln bey-

ſammen,

ovario in quinque ſiliquas abeunte compoſiti. Petalon ex albo vireſcens, longum contractum, in quinque ſegmenta adeo profunde dividitur, ut de flore, utrum monopetalus an pentapetalus haberi debeat, dubitandi locus relinquatur. Haec omnia calyce quinquefolio ſunt munita.

ſammen, ſind zwitterartig, beſitzen nemlich fünf gelbfärbige Staubbeutel, die auf eben ſo vielen weiſſen Fäden ſtehen, und einen Fruchtknoten, der zu fünf Capſeln heranreift. Das Blumenblat iſt weiſs-grünlicht, lange, ſchmal, und ſpaltet ſich in fünf ſo tiefe Einſchnitte, daſs es zweifelhaft wird, ob man die Blüthe für ein- oder für fünfblätterícht halten muſs. Alle dieſe Theile aber werden von einem fünfblätterichten Kelche umgeben.

Surculis haec planta ſeritur, qui ex caudicibus veteribus aeſtivo tempore, ſunt deferendi, et loco ſicco per dies aliquot, ut ſuccus partis illius, qua praeciduntur, exareſcat reponendi: aliter enim cito putres fierent. Deinde in vaſa fictilia terra levi et arenoſa repleta deplantato. Per quinque aut ſex dies umbra tegito. In pulvinum fimo calentem per tres ſeptimanas demittito, ut radices facilius mittant. Quibus factis coelo aperto ad *Octobrem* uſque exponito: illo autem tempore in hybernaculum ſunt transferendi. Per brumale tempus parca manu rigato: coelo autem libero, quoties tempeſtates permiſerint, exponito: gelu enim tantummodo reformidant.

Dieſes Gewächs läſst ſich durch Ableger vermehren, die man im Sommer von dem alten Stamme nehmen, und einige Tage über an einem trockenen Orte, damit der Saft an dem abgeſchnittenen Theile eintrockne, legen, weil ſie ſonſt bald faul würden. Alsdann kan man ſie in mit leichter ſandigter Erde angefüllte Blumentöpfe ſetzen. Fünf oder ſechs Tage muſs man ſie im Schatten halten, alsdann kan man ſie in ein warmes Miſtbeet drey Wochen über ſetzen, damit ſie deſto eher Wurzel ſchlagen. Hierauf können ſolche bis im *October* in freyer Luft gehalten werden, wornach man ſie aber in die Winterung bringen muſs. Den Winter über muſs man ſie nur ſelten begieſsen, der freyen Luft aber, ſo oft es die günſtige Witterung zuläſst, ausſetzen, weil ihnen nur ſtrenger Froſt nachtheilig wird.

TAB. XXIII.

Cleome viſcoſa: floribus dodecandris, foliis quinatis ternatisque. *Linn.* Syſt. Veg. n. 10. p. 605. Spec. Pl. T. II. n. 6. p. 938. Syſt. Pl. T. III. n. 7. p. 293. Fl. Zeyl. 241. Aria veela. *Rheed.* mal. 9. p. 41. t. 23. Sinapiſtrum Zeylanicum triphyllum et pentaphyllum viſcoſum flore flavo. *Martyn.*

Hoc nomine a doctiſſimo *Boerhaavio* acceptum in horto Chelſeiano colitur. A Sinapiſtro autem maderaſpatano quinquefolio luteo minori *Pet. Rai.* Supp. App. 288 parum

XXIII. KUPFERTAFEL.

Klebrigte Cleome: mit Blumen, welche zwölf Staubfäden haben, fünffachen und dreyfachen Blättern. *Linn.* Pfl. Syſt. 8 Th. n. 7. p. 383.

Unter dieſem Namen wird dieſes vom *Boerhaave* erhaltene Gewächs in dem Chelſeagarten gezogen, ſcheint aber iedoch von dem fünfblätterichten, gelben, kleinen Sinapi-

rum differre videtur. Ramuli enim ipſi, unde plantae ſuae nomen impoſuit *Petiverus*, quos clariſſimi *Sloanii* beneficio ipſe conſpexi, noſtro, unde deſcriptio ac figura petuntur, adeo ſunt ſimiles, ut ſi hunc in horto europaeano, illos vero in India ſponte naſcentes, fuiſſe collectos animadvertes, ad eundem omnino ſpeciem illos referre vix dubitabis.

Ex radice autem fibroſa, caulem attollit ramoſum ſtriatum, pilis albicantibus aſperum ex viridi ruſeſcentem, foliis veſtitum digitatis, tribus plerumque non raro tamen quinque lobis compoſitis, caudis ſemuncialibus appenſis. Ex alis foliorum ſe oſtendit pediculus ſemuncialis aut minor, florem ſuſtinens androgynum; ovario nempe atque apicibus numeroſis, ſtaminibus ſuis innixis, compoſitum. Has partes veſtiunt quatuor petala flava et calyx quadrifolius. Floribus ſingulis ſingulae ſuccedunt ſiliquae biunciales, teretes, ſtriatae hirſutae, unicapſulares, bivalves a ſummitate ad imum ſe aperientes, et ſemina fundentes rufa, parva, et quaſi cochleata. Tota planta hirſuta eſt et viſcida.

Planta eſt annua, et ſeminibus ad maturitatem perductis exareſcit. Semina menſe *Februario* in pulvino calenti recte ſeruntur: et cum duas uncias altae fuerint plantae in alium pulvinum transferuntur, quatuor unciarum ſpatio diſtantes. Eas autem aeri libero exponere oportet quoties coeli tepor permiſerit. Circa ultimam *Maii* partem radices cum terrae aliqua parte in locum apricum transferri debent, ubi flores oſtendent et ſemina perficient.

Plan-

napiſtrum aus Madera wenig verſchieden zu ſeyn. Denn die kleinen Aeſte, von welchen *Petiver* den Namen für dieſes Gewächs entlehnt, und die ich durch die Güte des berühmten *Sloane* ſelbſt geſehen, ſind dem unſrigen, das hier beſchrieben und abgebildet worden, ſo ähnlich, daſs, wenn dieſes in einem europäiſchen Garten gezogen, iene aber in Indien geſammelt ſeyn ſollten, man iedoch beyde für die nehmliche Art zu halten kein Bedenken tragen würde.

Aus einer zaſerichten Wurzel entſpringt ein äſtiger geſtreifter Stamm, der durch weiſslichte Härchen rauh und grünröthlicht iſt. Die Blätter, womit er beſetzt iſt, ſind fingerförmig, und beſtehen gröſstentheils aus drey, nicht ſelten aber aus fünf Lappen, und hängen an halb Zoll langen Stielen. Aus den Blatwinkeln kommt ein halb Zoll langer oder kürzerer Stiel hervor, der eine zwitterartige Blüthe unterſtützt, die nemlich aus einem Fruchtknoten und zahlreichen Staubbeuteln, die auf ihren Trägern ruhen, beſteht. Dieſe Theile umgeben vier gelbe Kronblätter, und ein vierblätterichter Kelch. Auf iede einzelne Blüthe folgt eine zwey Zoll lange, runde, geſtreifte, zottigte, einfächerigte zweyklappigte Schotte, die ſich von ihrer Spitze bis an ihre Baſis öffnet, und kleine rothbraune gleichſam ſchneckenförmige Saamen ausſtreuet. Die ganze Pflanze iſt zottigt und klebrigt.

Sie iſt ein Sommergewächs, und welkt nach reif gewordenen Saamen. Dieſe müſſen im *Februar* in ein warmes Beet geſäet, und wenn die iungen Pflanzen zween Zolle erreicht haben, in ein anders Beet, in dem ſie vier Zoll von einander ſtehen müſſen, verſetzt werden. Man muſs ſie auch in freye Luft bringen, ſo oft als es gelinde Witterung erlaubt. Zu Ende des *Mai* müſſen ſie mit etwas an der Wurzel bleibender Erde an einen ſonnenreichen Ort gebracht werden, wornach ſie dann ihre Blüthen öffnen und ihren Saamen zur Reiſe bringen werden. —

Die

Plantae huius et Bidentis, quae proxime ſequitur, picturam amico iucundiſſimo *Guilielmo Houſton* acceptam refero.

Die Abbildung dieſer und der nächſtfolgenden Pflanze verdanke ich der Güte meines verehrteſten Freundes *W. Houſton.*

TAB. XXIV.

Coreopſis lanceolata: foliis lanceolatis integerrimis ciliatis. *Linn.* Syſt. Veg. n. 10. p. 782. Spec. Pl. T. II. n. 10. p. 1283. Syſt. Pl. T. III. n. 9. p. 891. Hort. Cliff. 420. *Roy.* lugdb. 181. Bidens ſuccisae folio, radio amplo ciliato. *Dill.* elth. 55. tab. 48. 56. Bidens caroliniana, florum radiis latiſſimis inſigniter dentatis, ſemine alato per maturitatem convoluto. *Rand.* act. philoſoph. n. 399. p. 294. *Martyn.*

A radice reſtibili, caulis exurgit ſtriatus, medulla farctus; foliis veſtitus adverſis, ſeſſilibus, craſſis, in acumen deſinentibus, integris plerumque, interdum autem ſed raro inciſura una aut altera notatis. Rami ſinguli aut nudi ſunt, aut una duntaxat foliorum coniugatione ad partem inferiorem ornati; unico flore terminati, diſcoide, radiato. Placentae nempe glumoſae floſculi innituntur in quinque ſegmenta flava expanſi; ſtylo bifido, reflexo ornati. His circumfunduntur ſemifloſculi eiusdem prorſus coloris, quorum ſinguli ovario abortienti inſident. Floſculis autem ſingulis ſemina ſuccedunt ſingula bicornia. Calyx ex duplici foliorum ordine componitur; exteriori a flore extante.

Semina a *Catesbaeo* accepta A. 1724, multis in hortis prope Londinum ſunt ſata. Planta plerumque biennis eſt, atque in pulvino fimo modice calente, Martio ineunte ſata, Aprili menſe ſe attollit: eoque tempore in vaſa fictilia transferri poteſt. Coelo autem aperto illam exponito, ut frigora hyberna melius ferat: utcunque enim eam

XXIV. KUPFERTAFEL.

Lanzettförmige Coreopſis: mit lanzettförmigen, glatträndigen, gefranzten Blättern. *Linné* Pflanzenſyſt. 9 Th. n. 9. p. 573.

Aus der bleibenden Wurzel entſpringt ein geſtreifter markigter Stamm, der mit gegen einander über ſtehenden, ungeſtielten, dicken, ſpitzigen, gröſstentheils ungetheilten, zuweilen aber, iedoch ſelten, ein- oder zweymal zerſchliſſenen Blättern beſetzt iſt. Die einzelnen Aeſte ſind entweder nackend, oder unterwärts nur, mit einem einzigen Blätterpaare beſetzt, und endigen ſich mit einer einzigen ſcheibenförmigen geſtrahlten Blume. Auf dem mit Spreublätchen beſetzten Blumenboden ſitzen die gelben in fünf Einſchnitte geſpaltenen Blümchen, die einen zweyſpaltigen Griffel einſchlieſſen, und welche von eben ſo gefärbten Halbblümchen umgeben werden, die durchgehends auf einem unfruchtbaren Fruchtknoten ſitzen. Auf iedes einzelne Blümchen folgt ein zweyhörniger Saame. Der Kelch beſteht aus einer zweyfachen Reihe Blätchen, deren äuſſere von der Blume abſteht.

Die Saamen, die man im Jahr 1724 von *Catesby* erhalten, ſind in vielen Gärten um London herum ausgeſäet worden. Die Pflanze iſt gröſstentheils zweyiährig, gehet, wenn ſie in ein mäſsig erwärmtes Miſtbeet zu Anfang des Märzmonats geſäet worden, im Aprilmonate auf, und kan alsdann in Blumentöpfe verpflanzt werden. Sie muſs in

eam maturaveris, flores primo anno vix obtinebis. Anno poſt ſationem proximo *Maio* et *Junio* menſibus, flores in lucem prodeunt: ſemina autem *Auguſto* perficiuntur. Hyemes noſtras ſi terra tepida ſit et ſicca, ſuſtinere ſolet, ſin minus in vaſa fictilia transferto, atque a frigorum ſaevitie defendito.

in freyer Luft gehalten werden, damit ſie die Winterfröſte leichter ertrage, denn wenn man auch gleich noch ſo ſehr ihre Blüthe zu beſchleunigen ſucht, ſo wird man doch kaum im erſten Jahre ſchon ſolche erhalten. Im nächſten Jahre nach dem Ausſäen, in den Monaten *Mai* und *Junius* aber, kommen die Blumen hervor, der Saame wird aber im *Auguſt* reif. Sie pflegt unſere Winter zu ertragen, wenn ſie in einer etwas warmen und trockenen Erde ſtehet, wo nicht, ſo muſs man ſie in Blumentöpfe ſetzen, und vor ſtrenger Kälte ſchützen.

TAB. XXV.

Pancratium caribaeum: ſpatha multiflora, foliis lanceolatis. *Linn.* Syſt. Veg. n. 3. p. 317. Spec. Pl. T. I. n. 3. p. 418. Syſt. Pl. T. II. n. 3. p. 22. Hort. Cliff. 133. *Brown.* lam. 194. n. 1. *Mill.* Dict. n. 4. Narciſſus americanus, flore multiplici albo hexagono odorato. *Comm.* hort. II. p. 173. t. 87. Narciſſus totus albus latifolius polyanthos maior odoratus, ſtaminibus ſex e tubi ampli margine extantibus. *Sloane.* Cat. lam. 115. Hiſt. lam. I. 244. Narciſſus americanus flore albo, multiplici, odore balſami peruviani. *Tourneſ.* Inſt. 358. *Martyn.*

XXV. KUPFERTAFEL.

Caraibiſche Gilgen: mit einer vielblumigen Blumenſcheide und lanzettförmigen Blättern. *Linné* Pfl. Syſt. 11 Th. n. 3. p. 164.

Ex radice tunicata prodeunt folia dodrantalia, aut pedalia, hilari virore nitentia, integra, in acumen deſinentia, tres uncias in media parte lata. Horum in medio caulis exurgit ſeſquipedalis, compreſſus, ſtriatus, biangularis, viridis, polline caeſio obductus, perianthio membranaceo albicante terminatur; quo aperto ſeſe oſtendunt flores, novem aut decem, androgyni monopetali. Ovarium namque triangulare pediculis ſingulis inſidet umbilicatum, ſtylo longo fibula viridi clauſo, coronatum; et petalo etiam ad trium unciarum longitudinem tubuloſo, vireſcente; deinde in ſex ſegmenta alba, triuncialia, vix quartam unciae partem lata expanſo: ab hac uſque peta-

Aus einer Zwiebelwurzel kommen ſpannen- oder ſchuhlange, hellgrün glänzende, ungetheilte Blätter heraus, die ſich mit einer ſcharfen Spitze endigen, und in ihrer Mitte drey Zolle breit ſind. Mitten zwiſchen denſelbigen entſpringt ein anderthalb Schuh langer, zuſammgedrückter, geſtreifter, zweyeckigter, grüner Blumenſchafft, der mit einem meergrünen Staube überzogen iſt, und ſich mit einer häutigen, weiſslichten Blumenhülle endigt, nach deren Eröffnung ſich neun bis zehen einblätterichte, zwitterartige Blumenkronen zeigen. Denn auf iedem einzelnen Stiel ſitzet ein dreyeckigter nabelförmiger Fruchtknoten, auf dem ein langer, mit einer grünen Narbe ver-

petali diviſione pergit tubus, albi prorſus coloris, infundibuli in modum expanſus, margine in ſex ſtamina abeunte, primo alba, deinde viridia, apice aureo clauſa. Flos odorem ſpirat iucundum.

verſehener Griffel ſteht. Das grünlichte, röhrichte Blumenblat iſt drey Zolle lang, und in ſechs weiſse, drey Zoll lange Einſchnitte geſpalten, die aber kaum einen Viertels-Zoll breit ſind. Von deſſen Baſis bis zu den Einſchnitten hin, ſtellt es eine vollkommene Röhre vor, die ſich trichterförmig ausbreitet, und am Rande ſechs anfangs weiſse, endlich grüne Staubfäden befeſtiget hält, auf deren Spitzen gelbfärbige Staubbeutel ruhen. Die Blume duftet einen angenehmen Geruch aus.

In pratis et ſylvis campeſtribus Jamaicae, St. Chriſtophori, Caribearum inſularum ubique invenit clariſſimus *Sloaneus*, qui in loco natali, folia duas pedes longa, caulem quatuor pedes altum fuiſſe ſcribit.

Der berühmte *Sloane* hat dieſes Gewächs auf Wieſen und waldichten Gefilden durchgehends in Jamaika, St. Chriſtopher, und auf den Caraibiſchen Inſeln einheimiſch angetroffen, das auf ſeinem natürlichen Standorte Blätter von zwey Schuhen in die Länge, und einen vier Schuh hohen Schafft getrieben hat.

Plantis radicis *Aprili* menſe, priusquam ſe oſtendant folia, optime ſeritur. Vivi radices autem, in vaſa fictilia terrae laevis atque arenoſae cum ruderis ex calce parte aliqua, plena transferto: deinde in pulvinum cortice coriario ſtercoratum, ut facilius radices capiant demittito. Cum folia emiſerint, aerem liberum ferre paulatim plantas aſſueſcito, cui a menſe *Julio* ad *Septembris* initium uſque ſunt exponendae: quo tempore in hybernaculum igne modice calentem ſunt transferendae, atque in eo per brumalia tempora ſervanda. Foliis huius plantae adhuc vivis et creſcentibus, vaſa, quibus continentur, aqua ſaepius ſunt riganda: poſtquam vero illa exaruerint, rigatio frequens radicibus erit inimica.

Man kan daſselbe im *April*, bevor noch die Blätter herausgekommen, durch die Wurzeln vermehren. Jedoch muſs man die iungen Wurzelſproſſen in Töpfe ſetzen, die mit leichter ſandigter Erde und zum Theil auch mit Schutterde angefüllet ſind, und dieſe alsdann in ein Lohbeet graben, damit iene um ſo eher Wurzel treiben. Sobald die Blätter herausgebrochen, muſs man ſie nach und nach an die freye Luft gewöhnen, und ſie vom *Julius* bis zu Anfang des *Septembers* hinaus ſetzen, wornach man ſie in eine mäſsig erwärmte Winterung bringen, und daſelbſt den Winter über laſſen muſs. So lange die Blätter noch friſch ſind und wachſen, müſſen die Töpfe öfters begoſſen werden, ſobald iene aber verwelken, würde das öftere Begieſsen den Wurzeln ſchädlich ſeyn.

Ab inſula Barbados A. 1730 accepta in horto Chelſeiano, planta noſtra florebat.

Im Jahr 1730 iſt ſie aus Barbados in dem Chelſeaniſchen Garten gekommen, und hat auch daſelbſt geblühet.

Non modo inquit ſcriptor ſupra laudatus, ornamenti, ſed utilitatis etiam gratia, in hortis colitur. Radices enim ab inſularum

Der oben angeführte berühmte *Sloane* giebt uns auch Nachricht, daſs man dieſes Gewächs nicht nur zur Zierde, ſondern auch des

rum earum incolis, lilii albi loco in cataplaſmatis maturantibus uſurpantur.

des Nutzens wegen in den Gärten halte. Denn die Einwohner gedachter Inſeln bedienen ſich der Wurzeln, ſtatt der weiſsen Lilien, in erweichenden Umſchlägen.

TAB. XXVI.

Geranium cucullatum: calycibus monophyllis, foliis cucullatis dentatis. *Linné* Syſt.Veg. n. 10. p. 613. Spec. Pl. T. II. n. 6. p. 949. Syſt. Pl. T. III. n. 10. p. 310. Hort.Cliff. p. 345. Hort.Vpſ. p. 196. *Roy.* lugd. 353. *Burm.* ger. 42. *Berg.* cap. 174. *Mill.* Dict. n. 21. Geranium africanum arboreſcens, foliis cucullatis anguloſis. *Dill.* elth. 155. tab. 129. fig. 156. Geranium africanum arboreſcens, ibiſci folio rotundo, carlinae odore. *Herm.* lugdb. 274. tab. 275. *Seb.* muſ. I. tab. 26. fig. 2. Geranium africanum maximum. *Riv.* pent. 325. Geranium africanum arboreſcens, Ibiſci folio anguloſo, floribus amplis purpureis. *Rand.* act. philoſ. n. 788. p. 307. *Martyn.*

Caudicem habet viridem: folia caudis varia longitudinis innixa, nullo ordine poſita, ſinuata ſeu potius anguloſa, ſerrata, craſſa, utrinque villoſa, ſubrotunda. Rami in umbellas ſimplices deſinunt, perianthiis multifoliis munitas. Flos ovario conſtat polyſpermo, quinque nempe utplurimum ſeminibus in orbem circa axem medium poſitis, qui in ſtylum deſinit ſuaverubentem, quinqueſidum; et apicibus flavis ſtaminibus latis, ſuaverubentibus innixis, flores autem ſinguli petalis donantur quinis, duobus quidem ſuperioribus latioribus, et macula ſaturatiore inſignitis: inferioribus tribus anguſtioribus puris.

Vel ſeminibus vel ſurculis ſeritur: ſurculis autem potius utendum eſt, quod ſemina

XXVI. KUPFERTAFEL.

Mönchskappenförmiger Storchſchnabel: mit einblätterichten Blumenkelchen, mönchskappenförmigen gezähnten Blättern, und ſtrauchartigem Stamme. *Linné* Pflanzenſyſt. 4 Th. n. 10. p. 127.

Der Stamm iſt grün. Die Blätter ſtehen auf Stielen von verſchiedener Länge, ohne Ordnung, ſind am Rande ausgehölt oder vielmehr eckicht, ſägenartig gezähnt, dicke, auf beyden Seiten ſilzig, und einigermaſſen rund. Die Aeſte endigen ſich mit einfachen Dolden, die mit vielblumigen Blumenhüllen umgeben ſind. Die Blume beſtehet aus einem vielſaamigen Fruchtknoten, nehmlich nur gröſstentheils aus fünf, rund um die Mitte der Achſe gelagerten Saamen, der ſich in einem angenehm röthlichten fünfſpaltigen Griffel endigt; und aus gelben Staubbeuteln, die auf breiten ſchön rothen Trägern ſitzen: iede einzelne Blüthe beſteht aus fünf Kronblättern, von welchen die beyden obern breiter und dunkler gefleckt, die untern drey aber ſchmäler und einfärbig ſind.

Man vermehrt dieſen Storchſchnabel entweder durch Saamen, oder durch Ableger.

mina tardius crescant. Surculi autem quovis anni tempore a *Junio* mense ad *Septembrem* usque deplantandi. Est tamen videndum ut in leve ac pingue solum transferantur, aqua rigentur, atque umbra tegantur. *Septembri* mense in vasa fictilia, terra levi repleta eas deferto, videndo interea ut terrae aliquid radicibus adhaerescat, et umbra tegito, donec radices adoleverint: quo facto ad medium usque *Octobrem* aeri libero exponi possunt. Hoc autem tempore in hybernaculum sunt transferendi, per brumale tempus eodem modo, quo Myrtus, Nerion aliaeque plantae exoticae, quae minus tenerae haberi solent colendi.

leger. Man bedient sich aber lieber der Ableger hiezu, weil die Saamen langsam aufgehen. Die Ableger können vom *Junius* bis im *September* zu ieder Zeit gesetzt werden. Doch ist dahin zu sehen, dass sie in leichte fette Erde gebracht, feuchte, und im Schatten gehalten werden. Im *September* muss man sie in mit leichte Erde angefüllte Töpfe setzen, und darauf sehen, dass an den Wurzeln etwas Erde hangen bleibe, sie selbst aber so lange im Schatten halten, bis die Wurzeln erstarkt sind, wornach man sie bis in die Mitte des *Octobers* in die freye Luft setzen kan. Alsdann muss man sie in die Winterung bringen, und sie den Winter über gerade so pflegen, wie man es mit den Myrten, Oleander und andern ausländischen nicht allzu zärtlichen Gewächsen, zu halten gewohnt ist.

TAB. XXVII.

Sida crispa: foliis cordatis sublobatis crenatis tomentosis, capsulis cernuis inflatis multilocularibus crenatis repandis. *Linn.* Syst. Veg. n. 25. p. 623. Sp. Plant. T. II. n. 21. p. 964. Syst. Pl. T. III. n. 20. p. 339. *Loefl.* it. 240. Abutilon vesicarium crispum, floribus melinis parvis. *Dill.* elth. 6. tab. 5. fig. 5. Abutilon aliud vesicarium. *Plum.* ic. 15. tab. 25. Abutilon americanum, fructu subrotundo pendulo e capsulis vesicariis crispis conflato. *Rand.* Act. philos. N. 399. p. 293. *Martyn.*

Ex radice fibrosa annua, caulis oritur ramosus, ex viridi rubescens, villosus, foliis vestitus alternis, ex basi subrotunda, bifida, in acutem mucronem desinentibus, crenatis, caudis sesquiuncialibus appensis, villosis. Quae autem ramos ultimos cingunt, multo minora sunt, et fere sessilia. Ex singulis foliorum alis prodit pediculus biuncialis, florem gerens androgynum, petalo constantem unico, flavo, cuius ima pars in tubum assurgit, mediam floris partem

XXVII. KUPFERTAFEL.

Krause Sida: mit herzförmigen fast lappigten gekerbten filzigen Blättern, und umgebogenen aufgeblasenen, vielfächerigten, gekerbten, geschweiften Saamengehäusen. *Linné* Pfl. Syst. 8 Th. n. 20. p. 439.

Aus einer zaserichten iährigen Wurzel entspringt ein ästiger, grünlicht rother, zottiger Stamm, der mit wechselsweise stehenden Blättern besetzt ist. Diese sind an ihrer Basis einigermassen rund, zweyspaltig, endigen sich mit einer scharfen Spitze, sind gekerbt, und hängen an anderthalb Zoll langen zottigen Stielen. Dieienigen aber, welche an den äussersten Aesten stehen, sind um vieles kleiner und beynahe stiellos. Aus iedem einzelnen Blatwinkel kommt ein zwey

tem occupantem, atque apicibus flavis onuſtum. Ab ovario aſſurgit ſtylus flavus, multifidus, cuius diviſurae ſingulae fibula clauduntur. Haec omnia veſtit calyx quinquefidus. Ovarium autem fit fructus ſubrotundus, in ſumma atque ima parte compreſſus, polygonus: angulis ſingulis per longitudinem in totidem capſulas ſeſe aperientibus et ſemina reniformia effundentibus.

Zoll langer Blumenſtiel zum Vorſchein, der eine zwitterartige Blume trägt. Dieſe beſteht aus einem einzigen Kronblat, das gelb iſt, deſſen unterer Theil ſich zu einer Röhre erhebt, die die Mitte der Blume einnimmt, und woſelbſt die gelben Staubbeutel befindlich ſind. Auf dem Fruchtknoten ſteht ein gelber vielſpaltiger Griffel, deſſen einzelne Spitzen mit eben ſo vielen Narben geſchloſſen ſind. Alle dieſe Theile umgiebt ein fünfſpaltiger Kelch. Der Fruchtknoten aber reiſt zu einem einigermaſſen runden, ſowohl aufwärts als unterwärts zuſammengedrückten, vieleckichten Saamengehäuſe heran, deſſen ſämmtliche Ecken der Länge nach ſich in eben ſo viele Capſeln öffnen, aus welchen nierenförmige Saamen fallen.

Semina huius plantae in pulvino modice calente primo vere ſerito. Cum exierint plantae eas differto, et ſingulas in vas fictile terra levi et arenoſa repletum ponito: idque in fimum deponito, quo plantae citius adoleſcant. Aqua illas irrigato, et umbra tegito donec radices ſatis adoleverint: quo facto eas coelum apertum ferre paulatim adſueſcito: cui *Julio* menſe ſunt exponendae: cave autem ut a ventorum iniuriis defendantur. Circa ultimam huius menſis partem flores ſe oſtendent, et ſemina menſe *Septembri* fient matura. Per brumale tempus hybernaculi igne calentis ope ſervare poſſunt: quo tamen vix operae eſt pretium, cum omnem fere pulchritudinem ſeminibus ad maturitatem perductis, amittant.

Die Saamen dieſer Pflanze muſs man mit Frühlings Anfang in ein mäſsig erwärmtes Beet ausſäen. Wenn ſie aufgegangen, muſs man ſie, damit ſie um deſto eher erſtarken, in einem mit leichter ſandigter Erde angefüllten Blumentopf verſetzen, und dieſen in ein Miſtbeet bringen. Auch muſs man ſie ſo lange feuchte und im Schatten erhalten, bis die Wurzeln kraftvoll genug geworden, wornach man ſie dann nach und nach an die freye Luft gewöhnen kann, und im *Julius* hinausſetzen, ſie aber ſtets gegen ungünſtige Witterung in Sicherheit halten. Um das Ende dieſes Monats werden ſie blühen, und im *September* reifen Saamen haben. Im Winter müſſen ſie im Glashauſe gehalten werden, welches iedoch kaum der Mühe werth iſt, zumal ſie nach reif gewordenem Saamen alle ihre Schönheit verliehren.

TAB. XXVIII.

Meſembryanthemum ringens: var. *felinum:* ſubacaule, foliis ciliato-dentatis punctatis. *Linn.* Syſt. Veg. n. 44. p. 470. Sp. Pl. T. II. n. 40. p. 698. Syſt. Pl. T. II. n. 40. p. 516. Meſembryanthemum rictum felinum repraeſentans. *Dill.* elth.

XXVIII. KUPFERTAFEL.

Rachenförmige Zaſerblume: ohne Stamm, mit gefranzten, gezähnten, und gedüpfelten Blättern. *Linné* Pflanzenſyſt. 7 Th. n. 39. p. 125.

Dieſes

elth. 240. tab. 87. fig. 220. Ficoides afra, folio triangulari enſiformi craſſo brevi ad margines laterales multis maioribus ſpinis aculeato, flore aureo, ex calyce longiſſimo. *Boerh.* ind. 290. *Martyn.*

Folia huic triangularia, angulo, qui in dorſo habetur, valde obtuſo, et interdum obſcuro, ita ut ille nullus fere videatur, glauca, maculis parvis, albis, praeſertim in averſa parte conſperſa; ſpinis magnis triangularibus ad margines obſita. Inter folia flos oritur ovario et apicibus numeroſis flavis, ſtaminibus ſuis innixis compoſitus, cum petalis numeroſis et flavis, rubedine quadam exteriore donatis, et calyce longo, quinqueſido.

Dieſes Gewächs hat dreyſeitige Blätter, deren Rückſeite ſehr ſtumpf, oft auch ganz unmerklich iſt, ſo daſs ſie nicht ſelten ganz abweſend zu ſeyn ſcheint; überdieſs ſind ſie grau, und mit kleinen weiſsen Flecken, vorzüglich auf der Unterfläche, überſäet, und am Rande mit groſsen dreyſeitigen Stacheln bewehrt. Zwiſchen den Blättern kommt die Blüthe heraus, die aus dem Fruchtknoten, und zahlreichen gelben Staubbeuteln, die auf ihren Trägern ruhen, und aus gleich zahlreichen gelben, auswärts röthlichten Kronblättern, und einem langen fünfſpaltigen Kelche zuſammengeſetzt iſt.

Surculis haec planta ſeritur: qui aeſtivis menſibus ſunt deplantandi. Eos autem loco ſicco per dies ſeptem aut decem, ut vulneri cicatrix obducatur, ponito. Deinde in vaſa fictilia parva terrae levis atque arenoſae plena deferto, et umbra per hebdomadis unius ſpatium tegito. Poſtea vero in pulvinum modice calidum, ut radices facilius capiant vaſa demittito: quo facto aeri libero ad *Octobrem* uſque plantae ſunt exponendae. Videto tamen ut aere libero, quoties coelum permiſerit fruantur: humorem enim nimium et gelu tantum reformidant: aqua tamen per brumale tempus, ſed raro, parca manu ſunt rigandae.

Dieſes Gewächs wird durch Ableger vermehrt, die man in den Sommermonaten abnehmen muſs. Man muſs ſie aber ſieben bis zehen Tage lang, an einem trockenen Orte, bis ſie vernarbt ſind, aufbehalten. Alsdann kann man ſie in kleine, mit leichter und ſandigter Erde angefüllte Blumentöpfe pflanzen, und eine Woche über im Schatten halten. Nachgehends muſs man dieſe in ein gemäſsigt warmes Miſtbeet, damit iene deſto eher Wurzel treiben, ſetzen, und ſodann bis in den *October* der freyen Luft überlaſſen. Hierauf müſſen ſie in die Winterung gebracht, iedoch ſo oft es die Witterung erlaubt, an die freye Luft gebracht werden, indem ihnen allzu viele Feuchtigkeit und Kälte äuſserſt nachtheilig iſt. Doch müſſen ſie den Winter über, aber nur ſelten und wenig, begoſſen werden.

TAB. XXIX.

Nr. 1. *Agaricus mutabilis:* ſtipitatus, pileo hemiſphaerico fuſco-flaveſcente, lamellis ruſis, ſtipite longe tomentoſo. *Hud-*

XXIX. KUPFERTAFEL.

Nr. 1. *Veränderlicher Blätterpilz:* mit einem Strunke, einem halb-kugelrunden, braun-gelblichten Huthe, roth-brau-

Hudſon. Fl. Angl. T. II. n. 22. p. 615. *Scop.* Fl. Carn. T. II. n. 1515. p. 440. *Agaricus ſimulans. Batſch.* Fung. ien. n. 122. p. 86. *Schäffer.* Ic. Fung. tab. 9. — Amanita faſciculoſa, pileo aurantii coloris, viſcido, lamellis albis, caule longo, villoſo, purpureo. Fungus faſciculoſus, pileo orbiculari luteſcente, pediculo fuſco, tenerrime villoſo, lamellis ex flavo candicantibus. *Dillen.* ſyn. 9. *Martyn.*

braunen Blättern, und einem langen filzichten Strunke.

In ericeto Hamſtediano, menſe *Decembri* A. 1723 inventam cum doctiſſimo *Dillenio* communicavi. Erat autem illo tempore pene arida: unde deſcriptio, quae in *Synopſi* habetur, cum planta vegeta minus convenit. Caulem habet quatuor circiter digitos longum; coloris obſoleti purpurei, villo tenerrimo obductum. Pileus colore aurantio ornatur, et viſco quodam obducitur. Lamellae albicant, interdum tamen fuſco aut luteſcente colore tinguntur. Variis in locis ſub hyemis initium naſci, et hyberna frigora perferre ſolet: ita ut hanc ſolam in media glacie vix laeſam ſaepius videamus.

Dieſen im *December* des Jahres 1723 auf der Heide um Hamſted entdeckten Blätterpilz habe ich dem berühmten *Dillen* mitgetheilt. Es war damals derſelbe faſt ganz trocken, weswegen auch die in deſſen *Synopſis* enthaltene Beſchreibung mit dem friſchen Zuſtand deſſelben nicht übereinkommt. Der Strunk war vier Zolle lang, verblichen purpurroth, und mit einem überaus zarten Filze überzogen. Der Huth pomeranzenfärbig, und einigermaſſen klebrig. Die Blätter waren weiſslicht, ſielen zuweilen ins braune, oder gelblichte. Es pflegt dieſer Pilz zu Anfang des Winters an verſchiedenen Orten zu wachſen, und verträgt unſere Winterfröſte, ſo daſs man ihn ganz allein, faſt unbeſchädigt, mitten auf dem Eiſe öfters ſtehen ſiehet.

Nr. 2. *Varietas antecedentis. Amanita* faſciculoſa pileo orbiculari, luteſcente, caule purpureo. Fungus faſciculoſus pileo orbiculari, luteſcente, pediculo purpureo. *Dillen. Martyn.*

Nr. 2. *Eine Abänderung des vorhergehenden Blätterpilzes.*

Pileus (deſcribente *Dillenio*) ab unciali, ad biuncialem latitudinem extenſus, ſuperne coloris eſt fuſci, inferne ex fuſco pallidi, pediculi vero purpureo donantur colore. E ligno putreſcenti naſcentem obſervavit D. *Dandridge* ibid.

Der Huth dieſes Pilzes iſt, nach *Dillens* Beſchreibung, einen bis zween Zolle breit, oberwärts braun, unterwärts aber bleicher. Die Strunke ſind purpurfärbig. D. *Dandridge* hat ihn auf faulem Holze gefunden.

Nr. 3. *Agaricus;* pileolo campanulato et ſtriato, parvo, lamellis rarioribus, petiolo cylindrico. *Gleditſch.* Meth. fung. nr. XVII. p. 109. Amanita minor, rufeſcens, pileo conico, lamellis paucis donato. Fungus minimus, capitulo conico, rufeſcens, lamellis ſubtus paucis. *Raii* Syn. Ed. 2. p. 13. Ed. 3. p. 9. *Martyn.*

Nr. 3. *Ein kleiner rother Wieſenſchwamm,* mit einem glockenförmigen, geſtreiften Hüthgen, und blaſſen, weit von einander ſtehenden Saamenhäutgen. *Gleditſch* a. a. O.

In aedium tectis, inquit *Raius*, inter muſcos inveni. Parvitate ſua et lamellarum raritate ab aliis diſtinguitur. Huic ſimilem ſi non eandem in locis paluſtribus obſervavi. Ibi.

Nr. 4. *Amanita* pileo viſcoſo caeruleſcente. Fungus medius, pileo muco aeruginei coloris obducto. *Dood.* Syn. 2. Ed. 2. p. 335. Ed. 3. p. 6. *Martyn.*

In horto ſocietatis pharmaceuticae Londinenſis et in arboreto regio St. Jacobi invenit *Doodeius:* nos etiam in ambulacro prope Camperwell, quod vineam incolae vocant, *Octobri* menſe obſervavimus.

Nr. 5. *Amanita* pileo aurantii coloris, lamellis et caule lividis. *Martyn.*

Dubitare poteſt an haec eadem ſit cum fungo aurantii coloris, capitulo in corum abeunte, *Tournefort.* Inſt. 559. tab. 327. de colore quidem lamellarum et caulis nihil prorſus locutus eſt ſcriptor ille celeberrimus. Noſtram in agro Cantabrigienſi prope Fullborn inveni.

Nr. 6. *Amanita* orbicularis, pileo et lamellis fuſcis. *Dillen.* Cat. Giſſ. p. 184.

Prope Giſſam in piceto et ſylva Lindana *Septembri* menſe invenit *Dillenius:* nos autem prope *Dulwich Octobri* menſe invenimus. Huius picturam *Joſepho Miller,* pharmacopaeo, amico et vicino noſtro, viro in plantarum cognitione verſatiſſimo acceptam refero: reliquarum autem omnium, quae in hac tabula continentur, picturas, excepta praecedente, ab amico doctiſſimo *Richardo Middleton Maſſey,* Medic. Dr. accepi.

Nr. 7.

Rai hat dieſen Blätterpilz auf Dächern unter Moos angetroffen. Er unterſcheidet ſich durch ſeine Kleinheit und durch die wenigen Blätter von andern Arten. Einen dieſem ähnlichen, oder vielleicht eben denſelben, fand auch ich in ſumpfigten Gegenden.

Nr. 4. Ein *Blätterpilz,* mit einem klebrichten blaulichten Huthe.

Doodei fand dieſen Pilz in dem Garten der Londonſchen Apothekergeſellſchaft, und in dem Königl. Baumgarten zu St. Jacob: ich aber habe ihn auf einem Spazierweg ohnweit Camperwell, den die daſigen Einwohner den Weingarten nennen, im *October* angetroffen.

Nr. 5. Ein *Blätterpilz,* mit einem pomeranzenfärbigen Huthe, und bleyfärbigen Strunk und Blättern.

Es iſt noch ungewiſs, ob dieſer Blätterpilz der nehmliche ſeye, welchen *Tournefort* den pomeranzenfärbigen Blätterpilz mit einem kegelförmigen Huth nennt: wenigſtens erwähnte er nichts von der Farbe der Blätter und des Strunkes. Den gegenwärtigen habe ich um Cambridge ohnweit Füllborn angetroffen.

N. 6. Ein kreiſsrunder *Blätterſchwamm,* mit braunen Huth und Blättern.

Dillen hat dieſen um Gieſsen in einem Tannenwald, und im Lindnerwald im *September* entdeckt: ich aber habe ihn ohnweit *Dullwich* im *October* angetroffen. Die Abbildung davon verdanke ich Herrn Apotheker *Joſeph Miller,* meinem werthen Freunde und Nachbarn, einem kenntniſsreichen Botaniker: alle übrigen auf dieſer Kupfertafel aber befindlichen Zeichnungen, die vorhergehende alleine ausgenommen, habe ich von meinem gelehrten Freunde *Richard Middleton Maſſey,* Dr. der Arzneykunde, erhalten.

Nr. 7.

Nr. 7. *Amanita* maior, ex livido albicans ubique, pediculo longo. *Dillen*. Cat. Gifs. p. 183.

In fylva Lindana *Dillenius*, nos prope Dulwich *Octobri* menfe invenimus.

Nr. 8. *Amanita* pileo vifcofo luteo. Fungi pratenfes minores, externe vifcidi, albi et lutei pediculis brevibus. *Raii* Syn. Ed. 2. p. 13. Ed. 3. p. 7.

In pafcuis autumno ubique fere inveniuntur.

Nr. 9. *Agaricus fragilis:* ftipitatus, pileo convexo vifcido pellucido lamellisque luteis, ftipite nudo. *Linn.* Syft. Veg. n. 28. p. 976. Sp. Pl. T. II. n. 21. p. 1643. Syft. Pl. T. IV. n. 22. p. 605. *Pall.* it. I. p. 44. *Leers* herb. n. 1041. *Pollich.* pal. n. 1172. Amanita flavo cinnamomeus vifcidus, ftriatus papillatus. *Hall.* helv. n. 2425. Fungus pediculo croceo fplendoris participe. *Vaill.* parif. 69. tab. 11. fig. 16. 17. 18. *Hudfon* Fl. Angl. T. II. n. 40. p. 621. *Schäffer* Ic. fung. tab. 230. *Agaricus campanella. Batfch.* fung. ien. n. 90. p. 74. Amanita minor, pileo orbiculari, lutefcente, vifcido, lamellis paucis fulvis. Fungus pratenfis minor, externe vifcidus, capitulo decimi tertii, ftriis fubtus fulvis feu croceis. *Dale* Syn. Ed. 2. Fafcic. Ed. 3. p. 8. *Martyn.*

Nr. 10. *Agaricus equeftris:* ftipitatus, pileo pallido: difco ftellatim luteo, lamellis fulphureis. *Linn.* Syft. Veg. n. 16. p. 975. Sp. Pl. T. II. n. 13. p. 1642. Syft. Pl. T. IV. n. 14. p. 602. Fl. Suec. n. 1060; 1219*. Agaricus caulefcens, pileo convexo fordido, margine inflexo, lamellis pallidis bafi remotis, ftipite cylindraceo. Fl. lapp. 502. *Pollich.* pal. n. 1168. *Hudfon.* Fl. Angl. T. II. n. 24. p. 616. *Agaricus vitellinus. Batfch.* Fung. ien. n. 117. p. 84. *Schäffer* Ic. fung. tab. 79. *Gleditfch* meth. fung. n. XXV. var. l. p. 128. — Amanita parva,

Nr. 7. Gröfferer überall blaulicht - weifslichter *Blätterpilz*, mit einem langen Strunke.

Dillen hat diefen Blätterpilz im Lindnerwald, ich aber bey Dulwich im *October* gefunden.

Nr. 8. Der *Blätterpilz* mit dem klebrigten gelben Huthe.

Wird faft überall auf Viehweiden im *October* angetroffen.

Nr. 9. *Gebrechlicher Blätterfchwamm:* mit einem Strunke, einem gewölbten, klebrigten, durchfichtigen Huthe, gelben Blättern, und einem nackenden Strunke. *Linné* Pflanzenfyft. 13 Th. 1 B. n. 28. p. 463.

Nr. 10. *Ritter - Blätterfchwamm:* mit einem Strunke, einem bleichen Huthe, deffen Scheibe gefternt gelb ift, und fchwefelgelben Blätchen. *Linn.* Pflanzenfyft. 13 Th. 1 B. n. 16. p. 454.

parva, galericulata, rufa. *Dillen.* Cat. Giſſ. p. 181. Fungus parvus, parvi galeri formam exprimens, rufus. *C. Bauh.* pin. 373. Syn. Ed. 3. p. 7. an Fungus vaccinus *Steerb.* p. 210? *Martyn.*

Pileum habet recte obſervante *Dillenio* ſemper demiſſum nunquam expanſum, rubrum, lamellas autem flavas. In ericetis circa Highate *Octobri* et *Novembri* menſibus *Dillenius*, nos autem prope Dulwich eodem tempore invenimus.

Dieſer hat, nach *Dillens* richtiger Bemerkung, einen ſtets abwärts hangenden, nie aber ausgebreiteten, rothen Huth, und gelbe Blätter. *Dillen* hat ihn auf den Haiden um Highate im *October* und *November*, ich aber bey Dulwich zur nehmlichen Jahrszeit angetroffen.

Nr. 11. *Amanita* pileo ex livido fuſco, lamellis magis albicantibus. *Dillen.* Cat. Giſs. p. 183.

In ſylva Giſſenſi *Septembri Dillenius*, nos prope Dulwich *Octobri* menſe invenimus.

Nr. 11. *Blätterpilz*, mit einem bleyfarbbraunlichten Huthe, und ziemlich weiſslichten Blättern.

Dillen hat dieſen im *September* im Walde um Gieſsen, ich aber bey Dulwich im *October* gefunden.

Dieſe auf gegenwärtiger Kupfertafel abgebildeten Pilze habe ich, in ſo weit ſolche mir bekannt waren, zu beſtimmen, und mit den angeführten Schriftſtellern zu vergleichen geſucht. Ich wünſchte, daſs ich dieſes bey allen hätte leiſten können; daſs ichs aber nicht vermogte, davon wird man den Grund leichte in der nicht ſtets zuverläſsigen Zeichnung, ſo wie in der Unzulänglichkeit der Martynſchen Nomenclatur auffinden können. *P.*

XXX. KUPFERTAFEL.

TAB. XXX.

Nr. 1. *Fucus ovalis:* caule compreſſo ramoſo, foliis ovalibus integerrimis. *Hudſon* Fl. Angl. T. II. n. 2. p. 573. Fucus vermicularis. *Gmel.* fuc. 162. tab. 18. fig. 4. Fucus polypodioides. *Gmel.* fuc. 186. Alga minor caulifera, foliis parvis oblongis ex viridi rubeſcentibus. *Martyn.*

Caulem habet ramoſum nigricantem foliis veſtitum numeroſis, ad Polygoni formam accedentibus.

Nr. 2. *Alga* minor, flaveſcens, varie diviſa.

Subſtantiae eſt coriaceae et maculis ſ. potius bullis nigris aſpera.

Nr.

Nr. 1. *Ovaler Tang*, mit einem zuſammengedrückten äſtigen Stamme, und ovalen glatträndigen Blättern.

Hat einen äſtigen, ſchwärzlichten Schafft, an dem viele Wegetritt-artige Blätter ſitzen.

Nr. 2. Kleiner gelblichter, verſchiedentlich getheilter *Tang*.

Iſt von lederartiger Subſtanz, und durch ſchwar-

Nr. 3. *Fucus laciniatus:* frondibus planis membranaceis aveniis ramosis, ramis dilatatis palmatis. *Hudson* Fl. Angl. T. II. n. 24. p. 579. Fucus ciliatus. *Gmel.* fuc. tab. 21. fig. 1. Alga minor suaverubens varie divisa. *Martyn.*

Tenera est et pellucida in multa segmenta obtusa divisa.

Nr. 4. *Alga* minor viridis, tenuissime divisa, segmentis bifidis.

In minutissima segmenta varie dividitur, quorum extremitates bifidae sunt, et capsulas bursae pastoris non male referunt. Has omnes viro in plantis exquirendis diligentissimo *Samueli Brewer,* qui eas in insula Mona collectas mecum communicavit, acceptas refero.

Nr. 5. *Fucus alatus:* frondibus membranaceis subdichotomis costatis: laciniis alternis decurrentibus bifidis. *Linn.* Syst. Veg. n. 44. p. 970. Mant. Pl. I. p. 135. Syst. Pl. T. II. n. 44. p. 578. *Hudson.* Fl. Angl. T. II. n. 18. p. 578. *Gmel.* fuc. 187. tab. 25. fig. 1. *Oed.* fl. dan. tab. 352. *Neck.* meth. musc. n. 32. p. 33. Fucus dichotomus parvus costatus et membranaceus. *Raii* syn. 44. Fucus purpureus tenuiter divisus non geniculatus. Hist. Ox. III. 646. Alga minor ex viridi rufescens, segmentis bifidis, acutis. Fucus purpureus, tenuiter divisus, non geniculatus Dr. Stevens. H. Ox. p. 646. Fucus dichotomus, parvus, costatus et membranaceus. *Budd.* H. S. Vol. I. fol. 12. Syn. Ed. 3. p. 44. *Martyn.*

Tenera est et pellucida, nervo saturatius rubro per medium decurrente. In littore Cornubiae invenitur: in Mona etiam collectam *Breweri* beneficio accepi.

Nr.

schwarze Flecken, oder vielmehr Bläschen rauh.

Nr. 3. *Zerschlissener Tang,* mit flachen häutigen, aderlosen ästigen Blättern, und aus einander gebreiteten handförmig getheilten Aesten.

Ist zart und durchsichtig, und in viele stumpfe Einschnitte gespalten.

Nr. 4. Kleiner grüner, überaus zart zerschlissener *Tang,* mit zweyspaltigen Endblätchen.

Ist verschiedentlich in überaus kleine Einschnitte gespalten, deren Endungen zweyspaltig, und den Saamengehäusen des Täschelkrauts nicht unähnlich sind. Alle diese Gewächse verdanke ich einem fleissigen Sammler dieser Arten, *Samuel Brewer,* der sie auf der Insel Man entdeckt und mir mitgetheilet hat.

Nr. 5. *Geflügelter Tang,* mit häutigen fast zweyzeiligen geribbten Blättern, und wechselsweise stehenden, herunterlaufenden zweyspaltigen Lappen. *Linné* Pflanzensyst. 13 Th. 1 B. n. 45. p. 367.

Ist zart und durchsichtig, und hat einen, durch dessen Mitte hin lauffenden dunkelrothen Nerven. Wird am Strande um Cornwall gefunden, auch habe ich vom Herrn *Brewer* ein auf der Insel Man entdecktes Exemplar erhalten.

Nr.

Nr. 6. *Fucus ceranoides:* fronde plana dichotoma integerrima punctata lanceolata; fructificationibus tuberculatis bifidis terminalibus. *Linn.* Syſt. Veg. n. 11. p. 966. Sp. Pl. T. II. n. 3. p. 1626. Syſt. Pl. T. IV. n. 11. p. 568. Fl. Suec. n. 1146. Fl. lapp. 465. *Scop.* carn. n. 1427. *Poll.* it. 3. p. 34. *Gmel.* fuc. 115. tab. 7. fig. 1. 2. 3. *Neck.* meth. 19. *Hudſon.* Fl. Angl. T. II. n. 33. p. 582. Fucus humilis dichotomus ceranoides, latioribus foliis utplurimum verrucoſis. *Moriſ.* hiſt. 3. p. 646. ſ. 15. tab. 8. fig. 13. — Alga minor ex viridi ruſeſcens, varie diviſa. Fucus ſive Alga membranacea purpurea, parva. *Raii* Syn. 2. Ed. 3. p. 3. Fucus membranaceus, ceranoides, varie diſſectus. Syn. Ed. 3. p. 44. *Martyn.*

Nr. 6. *Hornartiger Tang,* mit einem flachen zweyzeiligen, glatträndigen, punktirten, lanzettförmigen Blat, und auf der Spitze ſtehenden zweyſpaltigen höckerichten Fructificationen. *Linné* Pfl. Syſt. 13 Th. 1 B. n. 11. p. 340.

Altitudine inquit *Raius* eſt palmari: foliis planis tenuibus et membranaceis ramoſis. Per ſiccitatem purpureo colore tingitur, eſtque pellucida pergamini fere inſtar. In littoribus frequens invenitur: multae huius varietates, pergit vir Doctisſimus, obſervantur, latitudine, figura, colore et diviſura foliorum ludentes. Vidimus viridem, foliis latis in plurima ſegmenta, anguſta, acuta diviſis et veluti criſpis: vidimus albicantem teneram et minorem obtuſioribus ſegmentis. Has omnes varietates in littore Inſulae Shepey vidimus.

Iſt nach *Rai's* Verſicherung einer handbreit hoch, und hat flache, zarte, häutige, ſich in Aeſte theilende Blätter. Im trockenem Zuſtande wird es purpurfärbig, und durchſcheinend, faſt wie Pergament. Man trift es am Seeſtrande häufig an, und es laſſen ſich, nach dieſes berühmten Mannes Verſicherung, ſehr viele Abänderungen derſelben, ſowohl in Hinſicht der Breite, Figur, Farbe, als auch Abtheilung ihrer Blätter wahrnehmen. Ich habe ein grünes, mit breiten in ſehr viele, ſchmale, ſpitzige und gleichſam krauſe Einſchnitte geſpaltenen Blättern geſehen, auch ein weiſslichtes, zartes, kleineres mit ſtumpfern Einſchnitten. Alle dieſe Abänderungen finden ſich am Strande auf der Inſel Shepey vor.

Nr. 2. und 4. ſind nach meiner Meinung entweder ganz neue bisher noch nicht hinlänglich genug bekannte Tange, oder ihre Zeichnung und Farbe iſt Urſache, daſs ich ſie mit keinen bisher bekannten zu vergleichen im Stande war. *P.*

HISTO-

HISTORIAE

PLANTARVM RARIORVM

DECAS QVARTA.

TAB. XXXI.

Abutilon americanum, flore albido, fructu e capſulis veſicariis planis conflato, pediculo geniculato. *Martyn.*

Ex radice fibroſa, annua, caules attollit ex viridi rubeſcentes, villoſos, ramoſos, foliis veſtitos alternis, ex baſi ſubrotunda, bifida, in acutum mucronem deſinentibus, crenatis, caudis ſeſcuncialibus appenſis, villoſis. Illa autem quae ramos ultimos veſtiunt, multo minora ſunt, et tantum non ſeſſilia. Ex ſingulis foliorum alis prodit pediculus, ſeſcuncialis, paullo infra florem geniculatus, florem gerens androgynum, petalo conſtantem unico, candido, cuius pars ima in tubum aſſurgit, mediam floris partem occupantem, atque apicibus flavis onuſtum. Ab ovario oritur ſtylus flavus, multifidus, cuius diviſurae ſingulae fibula clauduntnr. Calyx in quinque ſegmenta dividitur. Flore delapſo, ovarium in fructum grandeſcit, in ſumma et ima parte compreſſum polygonum, angulis ſingulis, per longitudinem in totidem capſulas ſe aperientibus, et ſemina reniformia effundentibus.

BESCHREIBUNG

SELTENER PFLANZEN

VIERTES ZEHEND.

XXXI. KUPFERTAFEL.

Americaniſches Abutilon, mit weiſslichter Blüthe, einer aus blaſichten flachen Gehäuſen beſtehenden Frucht, und einem gelenkförmig gebogenen Blumenſtiel.

Aus einer zaſerichten, iährigen Wurzel kommen grünlicht-röthlichte, zottige, äſtige Stämme heraus, die mit wechſelsweiſe ſtehenden Blättern beſetzt ſind. Dieſe ſind an ihrer Baſis ziemlich rund, zweyſpaltig, endigen ſich mit einer ſcharfen Spitze, gekerbt, und hängen an anderthalb Zoll langen zottigen Stielen. Dieienigen aber, welche an den äuſſerſten Aeſten ſtehen, ſind um vieles kleiner, und faſt ſtiellos. Aus iedem einzelnen Blatwinkel entſpringt ein anderthalb Zoll langer Blumenſtiel, der etwas unterhalb der Blume gelenkförmig gebogen iſt, und eine zwitterartige Blume trägt. Dieſe beſteht aus einem einzigen weiſsen Kronblat, deſſen unterer Theil ſich röhrenförmig erhebt, die Mitte der Blume einnimmt, und die gelben Staubbeutel mit unterſtützt. Auf dem Fruchtknoten ſteht ein vielſpaltiger gelber Griffel, deſſen Endſpitzen mit den Narben bedeckt ſind. Der Kelch iſt in fünf Einſchnitte geſpalten. Nach abgefallener Blume ſchwillt der Fruchtknoten zu dem Saamengehäuſe an, das vieleckigt, ober- ſowohl als unterwärts plattgedrückt iſt, und deſſen iede einzelne Ecken ſich der Länge nach in eben ſo viele Capſeln öffnen, die nierenförmige Saamen einſchlieſsen.

Hanc plantam prope Veram Crucem inventam amicissimo *Houstono*, qui in plantis exquirendis diligentia, inveniendis felicitate, alios omnes superavit, debemus. Eadem plane modo colitur, quo *Abutilon* in Dec. tertia descriptum.

Diese Pflanze habe ich der Freundschaft des Herrn *Houston*, einem unübertreflichen fleissigen Sammler und gleich glücklichen Entdecker seltener Gewächse, zu danken, der sie um Vera Crux angetroffen hat. Sie wird eben so gezogen, wie das in dem dritten Zehend beschriebene *Abutilon*.

Eine unter die Gattung *Sida* gehörige, vielleicht neue, mir übrigens aber unbekannte Art. *P.*

TAB. XXXII.

Malva caroliniana: caule repente, foliis multifidis. *Linn.* Syst. Veg. n. 13. p. 625. Sp. Pl. T. II. n. 10. p. 969. Syst. Pl. T. III. n. 10. p. 346. Hort. Cliff. 347. Hort. Vps. 201. *Willich.* Obs. n. 55. Abutilon repens, alceae foliis, flore helvulo. *Dill.* Elth. 5. tab. 4. fig. 4. Abutilon carolinianum repens, alceae foliis, gilvo flore. *Rand.* Act. Philos. No. 383. p. 93. *Martyn.*

Caulis per terram repit, radices fibrosas ex geniculis singulis demittens. Folia profert singularia, Grossulariae in modum profunde divisa, marginibus divisurarum profunde crenatis, caudis longis cauli annexa: primo autem tantummodo profunde crenata. Flores ex foliorum alis in pediculis uncialibus proveniunt androgyni, apicibus nempe flavis, et ovario, cui stylus multifidus, rubens imponitur, constantes. Petalon in tubam, ut in Malva media parte assurgit. Calyce munitur duplici. Exteriori trifido, interiori quinquesido. Fructum habet parvum multangulum, angulis singulis per longitudinem se aperientibus, et semen unum aut alterum, exiguum, reniforme effundentibus.

Minus recte ad Abutili genus, me iudice refertur, a quo calyce duplici omnino differt: sicut a Malva fructu vasculari. Novi proindi generis esse mihi videtur, suo nomine describendi. Si quis Alceae nomen illi imponere voluerit, per me licebit,

XXXII. KUPFERTAFEL.

Carolinische Malve, mit einem kriechenden Stamme, und vielspaltigen Blättern. *Linné* Pfl. Syst. 8 Th. n. 10. p. 452.

Der Stamm ist kriechend, und treibt aus seinen Gelenkfügungen Wurzelzasern heraus. Die Blätter sind sonderbar, tief wie an der Stachelbeere eingeschnitten, am Rande der Einschnitte tief gekerbt, und stehen auf langen Stielen. Anfangs sind sie nur tief gekerbt. Die Blumen entspringen aus den Blatwinkeln, stehen auf zolllangen Stielen, und sind zwitterartig, bestehen daher aus gelben Staubbeuteln, und einem Fruchtknoten, auf dem ein vielspaltiger rother Griffel befestiget ist. Das Blumenblat erhebt sich in dessen Mitte, wie an der Pappel, röhrenartig, und ist mit einem gedoppelten Kelche umgeben, von welchen der äussere dreyfach, der innere aber fünffach gespalten ist. Die Frucht ist klein und vieleckigt. Jede Ecke öffnet sich der Länge nach, und schliesst einen, oder zwey kleine nierenförmige Saamen ein.

Nach meiner Meinung dürfte dieses Gewächs nicht füglich unter die Gattung von Abutilon gebracht werden können, indem sie sich von selbiger durch ihren gedoppelten Kelch, so wie von der Pappel, durch ihre fächerigte Frucht unterscheidet. Sie scheint mir

bit, cum Alcea vulgaris vera et genuina Malvae ſit ſpecies. Alcea igitur noſtra flore Malvae, fructu Abutili ab aliis omnibus plantis erit diſtinguenda. Haec autem ſpecies: Alcea americana repens, foliis profunde diviſis, petalo rubente nominari poteſt.

mir daher eine neue Gattung zu beſtimmen, die einen eigenen Namen verdiente. Wenn ihr daher iemand den Namen Alcea beylegen wollte, ſo würde ich nichts dagegen einwenden, zumal die gemeine Alcea eine eigentliche Pappelart iſt. So nach könnte unſre Alcea ſich durch ihre Pappelblume, und durch ihr Abutilon - artiges Saamengehäuſe, von allen andern Gewächſearten unterſcheiden laſſen: dieſe Art aber, mit dem Namen: kriechende amerikaniſche Alcea, mit tief eingeſchnittenen Blättern, und röthlichten Blumen, zu belegen ſeyn.

Semina A. 1724. a *Catesbaeo* accepta in horto Chelſeiano proveniebant. *Martio* menſe in terra levi locis apricis ſeruntur: ubi tamen ipſae plantae hyemes noſtras raro admodum ſuperant. Semina ad maturitatem quotannis perducunt, quae proximo vere, nullo cogente, ſi ſolum immotum fuerit, provenire ſolent.

Die von *Catesby* im Jahr 1724 erhaltenen Saamen giengen in dem Chelſea Garten auf. Man muſs ſie im *Merz* in leichte Erde an einem ſonnenreichen Ort ausſäen, woſelbſt iedoch die Pflanzen unſre Winterfröſte ſelten überſtehen werden. Ihr Saame wird iährlich reif, und gehet im nächſten Frühiahre, wenn der Boden nicht umgegraben worden, von ſelbſt auf.

TAB. XXXIII.

Antirrhinum triſte: foliis linearibus ſparſis: inferioribus oppoſitis, nectariis ſubulatis, floribus ſubſeſſilibus. *Linné* Syſt.Veg. n.15. p.555. Sp.Pl. T.II. n.9. p.853. Syſt.Pl. T.III. n.14. p.130. Hort. Cliff. 498. *Roy* lugdb. 296. *Mill.* Dict. n.8. *Eiusd.* Ic. tab. 166. Linaria triſtis hiſpanica. *Dill.* Elth. 201. tab. 264. fig. 199. Linaria hiſpanica procumbens, foliis uncialibus glaucis; flore flaveſcente pulchre ſtriato, labiis nigro purpureis. *Rand.* Act. philoſ. N. 412. p.221. *Martyn.*

Caulis huic plantae ramoſus, coloris glauci; foliis veſtitus glaucis, craſſis, ſeſſilibus, ex baſi anguſta in latitudinem productis, et in mucronem obtuſum deſinentibus. Flores pediculis breviſſimis inſident, foliolo villoſo ad ſingulorum ortum appoſito. Petalon eſt labiatum, caudatum,

XXXIII. KUPFERTAFEL.

Dunkelfarbes Löwenmaul, mit gleichbreiten, ohne Ordnung ſtehenden Blättern: die untern ausgenommen, welche gegen einander über ſtehen; pfriemenförmigen Honigbehältniſſen, und faſt ſtielloſen Blumen. *Linné* Pfl. Syſt. 8 Th. n. 14. p. 61.

Der Stamm dieſer Pflanze iſt äſtig und grau. Die Blätter ſind grau, dicke, ungeſtielt, werden von ihrer ſchmalen Baſis an breiter, und endigen ſich mit einer ſtumpfen Spitze. Die Blumen ſitzen auf äuſſerſt kurzen Stielen, und unten an einer ieden ſitzt ein zottiges Blätchen. Das Kronblat iſt

tum, pallide flavum, lineis purpureis varium; galea in ſegmenta duo obtuſa finditur, anteriori quidem parte purpurea, in averſa autem flaveſcens: barba multis crenis notatur, holoſericea, et coloris obſolete purpurei.

Hanc plantam ex Calpe Hiſpaniae monte A. 1727 ad hortum ſuum attulit Clariſſimus *Wagerus*, Eques auratus et claſſis brittanicae praefectus, unde et alii non pauci illuſtris viri beneficio, eam acceperunt. Surculis verno aut aeſtivo tempore facillime ſeritur: eos in terram levem deplantando. Videndum tamen eſt, ut a ſolis iniuriis defendantur et ſubinde aqua rigentur. Poſtquam radices miſerint, in vaſa fictilia terrae ſiccae, arenoſae, macrae plena transferto, et per brumale tempus a pruinis defendito. Aeri autem libero, quoties coelum permiſerit exponito. Semina nondum in Anglia maturavit, unde ſurculis tantummodo ſeri poteſt.

ist lippenförmig, geſchwänzt, hellgelb, und purpurfärbig geſtreift. Der Helm iſt in zwey ſtumpfe Einſchnitte geſpalten, vorwärts purpurfärbig, rückwärts aber gelblicht. Der Bart iſt vielkerbigt, ſammtartig, und verblichen purpurroth.

Dieſe Pflanze hat der berühmte Ritter *Wager*, Admiral der engliſchen Flotte, im Jahr 1727 von dem Berg Calpe in Spanien, in ſeinem Garten gebracht, aus welchem ſie auch viele andere, durch deſſen gütige Mittheilung, erhalten haben. Man kan ſie ſehr leicht im Frühlinge oder im Sommer durch abgenommene Ableger fortpflanzen, wenn man ſie nur in einem leichten Boden verſetzt. Auch muſs man darauf ſehen, daſs ſie vor der Sonne geſchützt, und fleiſsig begoſſen werden. So bald ſie Wurzel geſchlagen haben, ſetzt man ſie in mit trockener, ſandigter, magern Erde, angefüllte Blumentöpfe, und nimmt ſie im Winter vor den Reifen in acht. Doch kan man ſie, ſo oft es die Witterung verſtatten will, in die freye Luft bringen. In England hat ſie noch nicht reifen Saamen gebracht, weswegen man ſie nur annoch durch die Ableger vermehren muſs.

Antirrhinum repens: foliis linearibus confertis: inferne quaternis, calycibus capſulae aequalibus. *Linn.* Syſt. Veg. n. 11. p. 555. Sp. Pl. T. II. n. 16. p. 854. Syſt. Pl. T. III. n. 10. p. 128. *Neck.* fl. gallob. p. 268. Antirrhinum foliis linearibus alternis saepius oppoſitis acuminatis, floribus laxe ſpicatis. *Roy.* lugdb. 296. Antirrhinum foliis lanceolato-linearibus ſparſis, calycinis laciniis capſulae aequalibus. *Guett.* ſtamp. 2. p. 204. *Dulib.* pariſ. 186. Linaria anguſtifolia, flore cinereo ſtriato. *Dill.* Elth. 198. tab. 163. fig. 197. Linaria caerulea foliis brevioribus et anguſtioribus. *Raii* Syn. Ed. 2. p. 162. Ed. 3. p. * 282. Act. Philoſ. N. 407. p. 2. *Martyn.*

Kriechendes Löwenmaul, mit gleichbreiten, gedrängt- unterhalb des Stammes ie vier und vier beyſammen ſtehenden Blättern und Kelchen, die einerley Länge mit den Saamengehäuſen haben. *Linn.* Pfl. Syſt. 8 Th. n. 10. cap. 59.

Ex radice repente caules exſurgunt, ab imo ramoſiſſimi, foliis veſtiti alterno aut nullo ordine poſitis, numeroſis, craſſis, anguſtis, glaucis. Flores gerit in thyrſum diſpoſitos, mono-

Aus einer kriechenden Wurzel kommen Stämme heraus, die ſich unterwärts in überaus zahlreiche Aeſte theilen. Die Blüthen ſitzen an ſelbigen entweder in abwechſelnden oder in gar keinen ordentlichen Reihen, ſind überaus zahlreich, dicke, ſchmal, und grau. Die Blumen ſtehen ſtrauſsförmig beyſammen,

monopetalos, labiatos, caudatos; labio bifido, pallide caeruleo, ſtriis ſaturatioribus notato; barba tripartita, albida, macula flava in ipſa floris gula diſtincta. Vaſcula ſuccedunt bicapſularia, dentatim per maturitatem in ſummitate ſe aperientia, et ſemina parva nigra effundentia.

ſammen, ſind lippenförmig und geſchwänzt. Die Lippe iſt zweyſpaltig, bleichblau, und dunkelfärbig geſtreiſt: der Bart iſt dreytheilig, weiſslicht, und mit einem gelben Flecken in dem Schlunde gezeichnet. Auf dieſe folgen zweyfächerigte Saamengehäuſe, die ſich an ihrer Spitze, wenn ſie reif ſind, zahnartig öffnen, und kleine ſchwarze Saamen ausſtreuen.

Hanc plantam in agro Hertfordienſi ab *Ealeſio* Medico celebri atque erudito inventam fuiſſe, ſcribit *Raius*. Eandem etiam ab aliis in colle quodam *Marvell-Hill* dicto prope Henleiam Bercheriae oppidum, et in muris templi eiusdem oppidi, et iuxta viam quae inde Londinum ducit inventam fuiſſe ſcribit *Dillenius*. In colle memorato, ſolo quidem macro et lapidoſo eam et ipſe etiam collegi, quin et in muris coemeterii iuxta viam publicam, poſtquam in templi muris fruſtra diu quaeſiveram, tandem inveni. Huic etiam eandem eſſe exiſtimo, quam in ruinis villae Wimbletonenſis, ab illuſtri Cecilorum gente, in illius anni memoriam, quo claſſis hiſpanica hoſtiliter ſed fruſtra tentavit Angliam, olim exſtructae, ſaepius obſervavi: utcunque folia illius non minus lata, quam in Linaria vulgari lutea conſpiciuntur, et ſaepe etiam radiatim diſponuntur: unde a *Linaria minore, repente, inodora, flore albo, foliis radiatis Vaill.* bot. par. p. 118, differre non videtur.

Nach *Rai's* Zeugniſs hat dieſe Pflanze um Hertford ein berühmter und gelehrter Arzt, *Eales*, entdeckt. Auch ſoll ſie, nach *Dillens* Ausſage, von einigen andern auf einem Hügel, welcher *Marvell-Hill* genennt wird, bey Henley, einem kleinen Orte in Berkshire, wie auch auf den Mauern der Kirche daſelbſt, und am Wege, der von da nach London führet, wahrgenommen worden ſeyn. Auf erwähntem Hügel habe ich ſie ſelbſt, zwar auf einem magern und ſteinigten Boden, angetroffen, ſo wie auch auf den Mauern des Kirchhofs an der Landſtraſse, nachdem ich ſie lange auf den Mauern der Kirche vergebens geſucht, endlich gefunden. Nach meiner Meinung iſt ſie die nehmliche, welche ich auf den Ruinen des Wimbletonenſiſchen Landguts, das von der Ceciliſchen Familie zum Gedächtniſs desienigen Jahres erbauet worden, in welchem die ſpaniſche Flotte einen feindlichen, wenn ſchon vergeblichen, Angriff auf England gewagt, öfters gefunden habe. Auſſerdem ſind ihre Blätter von gleicher Breite, wie an dem gelben gemeinen Leinkraute, ſtehen auch öfters ſtrahlenförmig beyſammen, daher ſie von dem *kleinern, kriechenden, geruchslosen Leinkraut, mit weiſser Blume und ſtrahlenförmig beyſammen ſitzenden Blättern des Vaillants* im Bot. pariſ. p. 118 nicht unterſchieden zu ſeyn ſcheint.

Semina ſolo ſicco vere ſerito: cum vero enata fuerint in terra macra vel potius in vaſa fictilia huiusmodi terra repleta transferto, nam niſi munimento aliquo prohibita fuerint, per totum ſere hortum vaguntur.

Die Saamen muſs man im Frühlinge in einem trockenen Boden ausſäen. Sobald ſie aber aufgegangen, muſs man ſie in magere Erde, oder vielmehr in mit einer ſolchen Erde angefüllte Blumentöpfe ſetzen, weil, wenn ſie nicht eingeſchloſſen gehalten werden, ſie ſich in dem ganzen Garten ausbreiten würden.

TAB. XXXIV.

Passiflora serratifolia: foliis indivisis ovatis serratis. *Linn.* Syst. Veg. n. 1. p. 821. Sp. Pl. T. II. n. 1. p. 1355. Syst. Pl. T. IV. n. 1. p. 47. Amoen. acad. T. I. p. 217. fig. 1.* Passiflora foliis ovato-lanceolatis integris serratis. Hort. Cliff. 431. *Roy.* lugdb. 260. *Mill.* Dict. n. 18. *Jacquin* Hort. Vind. tab. 10. — Granadilla americana; folio oblongo leviter serrato, petalis ex viridi rubescentibus. *Martyn.*

Huius ex radice caules assurgunt scandentes, rotundi, virides, tenerrime villosi: foliis vestiti alternis, simplicibus, per margines leviter serratis. Ex singulis foliorum alis prodit clavicula: unaque pediculus florem sustinens. Paullo autem infra florem intumescit pediculus, ubi tribus ornatur foliis. Calyx in quinque segmenta profunde dividitur, et petala tegit quinque, levi rubedine tincta. His insident ordines duo fimbriarum, unciam unam longarum, curvarum, ad exortum luteo-virescentium, in medio purpurearum, ad extremitatem vero caerulearum. Has supra eriguntur aliae, multo breviores, ex rubro et albo variae. In medio assurgit columella, stamina quinque viridia compressa sustinens, quorum singula apice ornantur inferne flavo, superne albido. Inter stamina oritur ovarium, formae ovalis, viride, stylo triplici pallido, in extremitatibus ex viridi flavescente, ornatum.

Semina *Maio* mense A. 1731 ab amicissimo *Houstono* accepta in horto Chelseiano fuerunt sata, *Augusto* autem flores primo se ostendebant. Semina *Martio* mense in pulvino stercore calenti serito. Cum plantae quatuor unciarum altitudinem assecutae fuerint, in vasa fictilia terra levi pingui repleta, eas transferto. Vasa autem ipsa in pulvinum cortice stercoratum demittito, curando interea ut aqua rigentur plantae, atque a sole defendantur, donec radices egerint: quo facto, tam aqua quam coelo liberiori, pro tempestatis ratione

XXXIV. KUPFERTAFEL.

Sägenblätterigte Passionsblume, mit unzertheilten, eyrunden, sägenartiggezähnten Blättern. *Linné* Pflanzensyst. 4 Th. n. 1. p. 447.

Aus der Wurzel dieses Gewächses entspringen kletternde, runde, grüne, überaus zartfilzigte Stämme, die mit einfachen, am Rande unmerklich sägenartig-gezähnten Blättern abwechselnd besetzt sind. Aus iedem einzelnen Blatwinkel kommt eine Gabel, nebst einem Stiel, worauf die Blume stehet, heraus. Etwas unter der Blume schwillt der Blumenstiel an, woselbst er auch mit drey Blätchen besetzt ist. Der Kelch ist tief in fünf Einschnitte gespalten, und bedeckt fünf einigermassen röthlichte Kronblätter. Auf diesen sitzen zwo Reihen Franzen, die einen Zoll lange, gekrümmt, an ihrer Basis gelbgrünlicht, in der Mitte purpurroth, auf ihren Spitzen aber blau sind. Auf diesen stehen noch einige andere, um vieles kürzere, die roth und weiss buntfärbig sind. Aus der Mitte erhebt sich eine kleine Säule, die fünf grüne zusammengedrückte Staubfäden unterstützt, deren ieder einen unterwärts gelben, oberwärts aber weisslichten Staubbeutel trägt. Zwischen den Staubfäden liegt der Fruchtknoten, der oval, grün ist, und einen dreyfachen bleichfärbigen Griffel, der an seinen Endungen grün-gelblicht ist, unterstützt.

Die Saamen, die ich von meinem verehrtesten Freunde, Herrn *Houston,* erhielte, sind im *Mai* des Jahres 1731 in dem Chelsea-Garten ausgesäet worden, wornach sich im *August* die ersten Blumen zeigten. Man muss die Saamen im *März* in ein warmes Mistbeet säen. Wenn die Pflanzen vier Zolle hoch geworden, so muss man sie in mit leichter fetter Erde angefüllte Blumentöpfe setzen, die man in ein Lohbeet graben, fleissig begiessen, und so lange im Schatten halten muss, bis sie Wurzel geschlagen haben, wornach man sie bey günstiger Witterung sowohl

tione fruantur. Cum vero ad tectum usque pulvini sese attulerint in hybernaculum cum vasis suis transferantur, ubi flores copiose proferent, ac per hyemem levi igne servari possunt.

sowohl begießsen, als der freyen Luft aussetzen kan. Wenn sie bis an die Decke des Beetes hinangewachsen, so bringt man die Pflanzen, samt den Töpfen, in die Winterung, wornach sie dann stark blühen, und den Winter über bey einem mäßsigen Feuer erhalten werden können.

TAB. XXXV.

Passiflora cuprea: foliis indivisis ovatis integerrimis: petiolis aequalibus. *Linné* Syst. Veg. n. 3. p. 821. Sp. Pl. T. II. n. 3. p. 1355. Syst. Pl. T. IV. n. 3. p. 47. Amoen. acad. I. p. 219. fig. 3.* *Mill.* Dict. n. 17. Granadilla foliis sarsaparillae trinerviis; flore purpureo, fructu olivaeformi caeruleo. *Catesb.* car. 2. p. 93. tab. 93. Granadilla flore cupreo, fructu olivaeformi. *Dill.* elth. 165. t. 138. f. 165. Granadilla americana, fructu subrotundo, corolla floris erecta, petalis amoene fulvis, foliis integris. *Martyn.*

Caule assurgit scandente et capreolis suis vicinas stirpes arripiente, foliis ornato oblongis, per margines integris. Flores in pediculis haerent uncialibus, in medio geniculatis. Sunt autem androgyni, petalis quinque ornati, suaverubentibus, et calyce quinquefido, interne eiusdem cum petalis coloris, externe autem viridi, ad margines tamen suaverubente. Corollam habent simplicem ex fimbriis rigidis, erectis, ad imum nigris, in superiori parte aureis compositam. In medio assurgit columella purpurascens, stamina quinque apices virides sustinentia gerens; quorum medio insidet ovarium, stylo triplici rubescente ornatum. Spatium inter corollam et columellam liquore melleo repletur. Fructum habet subrotundum.

Semina huius plantae A. 1724 ab insulis Bahamensibus a *Catesbaeo* adducta sunt. Eodem fere modo, quo Granadilla mox descripta, colitur: maiori autem calore opus est, ut per hyemem servetur. Vtra-

XXXV. KUPFERTAFEL.

Kupferfarbige Passionsblume, mit unzertheilten, eyrunden, ziemlich ungezähnten Blättern, deren Stiele glatt sind. *Linné* Pfl. Syst. 4 Th. n. 3. p. 448.

Dieses Gewächs steigt mit einem kletternden Stamm in die Höhe, der sich mit feinen Gabeln an die ihm am nächsten stehenden Pflanzen hängt, und mit länglichten, am Rande ungetheilten Blättern besetzt ist. Die Blumen stehen auf Zoll langen in der Mitte knieförmigen Stielen. Sie sind sämmtlich zwitterartig, und bestehen aus fünf angenehm röthlichten Kronblättern, und aus einem fünfspaltigen Kelche, der einwärts von gleicher Farbe mit den Kronblättern, auswärts aber grün, am Rande iedoch schön roth ist. Ihre Krone ist einfach, und besteht aus steifen, aufrecht in die Höhe gerichteten Franzen, die unterwärts schwarz, oberwärts aber goldfärbig sind. Aus dem Mittelpunkt hebt sich eine kleine Säule in die Höhe, die purpurröthlicht ist, und fünf Staubfäden, mit grünen Staubbeuteln unterstützt, in deren Mitte der Fruchtknoten liegt, auf dem ein dreyfacher röthlichter Griffel ruht. Der Raum zwischen der Krone und der Säule ist mit einem honigartigen Safte angefüllt. Die Frucht ist einigermaßsen rund.

Die Saamen dieses Gewächses sind im Jahr 1724 von *Catesby* aus den Bahamischen Inseln hieher gebracht worden. Man kan solches fast auf die nehmliche Art, wie die kurz vorher beschriebene Passionsblume, ziehen,

Vtraque praeterea ſurculos vere deplantando propagantur, trium menſium ſpatio radices dimiſſuri, quo tempore in vaſa fictilia terra pingui repleta ſunt deplantandi, et eodem plane modo colendi, quo plantae quae a ſeminibus ſunt ortae.

ziehen, heiſcht iedoch, wenn ſie den Winter hindurch erhalten werden ſoll, einen höhern Grad von Wärme. Beyde Arten laſſen ſich auch auſſerdem durch im Frühlinge abgenommene Ableger vermehren, die innerhalb drey Wochen Wurzel ſchlagen werden, wornach man ſie in mit fetter Erde angefüllte Töpfe ſetzen, und eben ſo, wie aus Saamen gezogene Pflanzen, warten muſs.

TAB. XXXVI.

Croton paluſtre: foliis ovato-lanceolatis plicatis ſerratis ſcabris. *Linn.* Syſt. Veg. n. 4. p. 863. Spec. Pl. T. II. n. 2. p. 1424. Syſt. Pl. T. IV. n. 5. p. 184. Hort. Cliff. 445. *Roy* lugdb. 201. *Mill.* Dict. n. 3. Ricinoides paluſtre, foliis oblongis ſerratis, fructu hiſpido. *Martyn.*

Caulis huic viridis, pilis albicantibus hirſutus, ſtriatus, concavus, foliis veſtitus oblongis ſerratis, quatuor uncias longis, tres uncias latis, nervis donatis conſpicuis, a coſta media ad latera tendentibus, et in ſerris foliorum ſingulis deſinentibus. Ex alis foliorum prodeunt pediculi, flores maſculinos longa ſerie geſtantes, exiguos pentapetalos, candidos, infra quos conſpiciuntur foeminini, quibus ſuccedunt fructus hiſpidi.

Semina huius plantae prope Veram Crucem inventae A. 1731 ad hortum Chelſeianum miſit amiciſſimus *Houſtonus.* Mirum autem quantum plantae in horto cultae a ſylveſtribus magnitudine et forma differunt. Tabula igitur noſtra plantae huiusce figuram continet, tam in paludibus americanis, quam in horto Chelſeiano creſcentis. Quin et deſcriptionem ipſius ornatiſſimi inventoris hoc loco liceat adiicere.

XXXVI. KUPFERTAFEL.

Sumpf-Croton: mit eyrund-lanzenförmigen, gefaltenen, ſägenartig-gezähnten, rauhen Blättern. *Linné* Pflanzenſyſt. 4 Th. n. 5. p. 514.

Der Stamm iſt grün, durch weiſslichte Härchen zottigt, geſtreift, und hohl. Die Blätter ſind länglicht, ſägenartig-gezähnt, vier Zolle lang, drey Zolle breit, und mit ſehr merklichen Nerven, die ſeitwärts an der mittlern Blatribbe entſtehen, und bis an ieden Blatzahn laufen, verſehen. Aus den Blatwinkeln entſpringen die Blumenſtiele, welche ihrer Länge hin reihenweiſe mit den männlichen Blüthen beſetzt ſind. Dieſe ſind klein, fünfblätterieht, und weiſs. Die weiblichen Blüthen ſitzen unterhalb denſelbigen, und bringen mit ſteifen Borſten beſetzte Saamengehäuſe zur Reiſe.

Mein Freund *Houſton* ſandte im Jahr 1731 den Saamen dieſes ohnweit Vera Crux entdeckten Gewächſes in den Chelſea-Garten. Es iſt merkwürdig, wie ſehr ſich die in dem Garten gezogenen Pflanzen, in Hinſicht ihrer Gröſſe und ihres Baues, von ienen auf ihrem natürlichen Boden gewachſenen auszeichnen. Unſere Kupfertafel macht beyderley Pflanzen vorſtellig, iene, die in den amerikaniſchen Sümpfen wuchs, und dieſe, die in dem Chelſea-Garten gezogen worden. Ich will die Beſchreibung hievon des berühmten Entdeckers hier anſchlieſsen.

Radix fibrofa, caules teretes fungofi, glabri, nunc humi procumbentes, nunc erecti. Folia oblonga, ferrata, utrinque glabra, duas uncias plerumque longa, raro unam lata, pediculis femuncialibus infiftentia. Ex horum alis, verfus fummitates caulium oriuntur fpicae biunciales, quarum fuperiorem partem occupant flores mafculini, albi, pentapetali; inferius vero nafcuntur feminini, quibus fuccedunt fructus pifi magnitudine, verrucis feu fpinulis mollibus exafperati. Locis humidis provenit, et foliorum magnitudine ac figura multum variat.

Die Wurzel ift zafericht. Die Stämme rund, fchwammicht, glatt, bald auf die Erde hingeftreckt, bald aufrecht in die Höhe ftehend. Die Blätter find länglicht, fägenartig eingefchnitten, auf beyden Flächen glatt, gröfstentheils zwey Zolle lang, felten einen ganzen breit, und auf halb Zoll lange Stiele geftützt. Aus den Winkeln derfelben entfpringen gegen die Spitze der Stämme zu zwey Zoll lange Aehren, wo auf der obern Hälfte die weifsen, fünfblätterichten männlichen Blüthen, und auf der untern die weiblichen fitzen. Die auf diefe folgenden Saamengehäufe find fo grofs, wie eine Erbfe, und durch Wärzchen, oder weiche Dornfpitzen rauh anzufühlen. Es findet fich diefes Gewächs an feuchten Plätzen, und ändert, in Hinficht der Gröffe und Geftalt feiner Blätter, überaus ab.

Semina pulvino ftercorato ferantur. Plantae autem in vafa fictilia transferantur, terra arenofa repleta, atque in pulvinum cortice ftercoratum demittantur. Si coelum permiferit aeri liberiori fruantur.

Die Saamen müffen in ein Miftbeet gefäet werden. Die Pflanzen verfetzt man in mit fandigter Erde angefüllte Blumentöpfe, und gräbt fie in ein Lohbeet ein. Verftattet es die Witterung, fo kan man fie der freyen Luft ausfetzen.

TAB. XXXVII.

Maranta arundinacea: culmo ramofo. *Linn.* Syft. Veg. n. 1. p. 51. Spec. Pl. T. I. n. 1. p. 2. Syft. Pl. T. I. n. 1. p. 4. *Mill.* Dict. n. 1. Maranta. Hort. Cliff. 2. *Roy.* lugdb. 11. *Fabric.* helmft. p. 2. Maranta arundinacea, cannacori folio. *Plum.* gen. p. 16. *Martyn.*

Ex radice tuberofa caulis exfurgit ramofus, aliquantulum compreffus, viridis. Folia habet caulem longa vagina primo amplexantia, deinde in unciarum duarum latitudinem expanfa, et in mucronem tandem definentia, integra, nervo per medium decurrente, unde alii oriuntur, fimplices, verfus extremitatem folii tendentes. Ramorum extremitates floribus ornantur albis, androgynis, umbilicatis, monopetalis. Petalo in

XXXVII. KUPFERTAFEL.

Die rohrartige Maranta, mit äftigem Stamm. *Linné* Pfl. Syft. 5 Th. n. 1. p. 22.

Aus einer knollichten Wurzel entfpringt ein äftiger Stamm, der einigermafsen zufammengedrückt, und grau ift. Die Blätter umfaffen anfangs in einer langen Scheide den Stamm, werden in der Folge zwey Zoll breit, und endigen fich mit einer fcharfen Spitze, find ungetheilt, mit einem durch ihre Mitte hindurch laufenden Blatnerven, aus dem mehrere einfache entfpringen, und fich bis gegen das Ende des Blates erftrecken, verfehen. Auf den Endungen der Aefte fitzen die weifsen, zwitterartigen, nabelförmigen, einblätterichten Blumen, deren äufferft zartes Kronblat in fehr viele, der Geftalt und Stru-

in plura ſegmenta variae formae et ſtructurae diviſo, tenerrimo, et in mucronem quam citiſſime abeunte. Calyx in tria ſegmenta ad imum uſque dividitur. Prope Veram Crucem ab *Houſtono* inventa ad hortum Chelſeianum miſſa eſt.

Huic perſimilis eſſe videtur, atque eadem forſan iudicanda planta, quam in hiſtoria ſua *Cannae indicae* nomine, *radice alexipharmaca* deſcripſit clariſſimus *Sloanius*. Illa enim in horto Chelſeiano florens ſe ad *Marantae* genus pertinere confirmavit. Flores autem minores et pauciores, quam in *Houſtoni* planta, conſpiciuntur. Si vero, ut iudicare quidem fas eſt, hae plantae inter ſe ſpecie non differant, Synonyma ſequentia illi omnino ſunt tribuenda: *Radix contra venenatas ſagittas. C. B. Pin.* 14. *Turara ibid.* 184. *Uppee. Pis. Mantiſſ. aromat.* 171. *Canna indica radice alexipharmaca. Indian arrowroot. Sloane Cat. Jam.* 122. *Hiſt. I.* 253. *II.* 380. *Canna indica anguſtifolia, pediculis longis, ad imum folium, nodo ſingulari geniculatis. Arrow root et Dart herb noſtratibus dicta. Pluck. Alm.* 79. *Canna indica etc. Sloan. Raii Supp.* 573. *Toulola; Herbe aux fleches Labat. I.* 477. Illa vero quae florem rubri coloris depingunt, ſunt amovenda. Flores enim cum hiſtoriam ſuam ſcripſit, nondum viderat *Sloanius*.

Radicem, deſcribente *Sloanio*, obtinet dimidium unciae longam, albam, conicam, in plures partes unciales ruſeſcentes diviſam.

In hortis Jamaicae et inſularum Caribbearum ex Inſula Dominica translatam idem obſervavit.

Ob inſignem vim alexipharmacam magni apud Indos aeſtimatur. Radicis contuſae

Struktur nach verſchiedene, Einſchnitte geſpalten iſt, und ſich ſchnell mit einer ſteifen Spitze endigt. Der Kelch iſt bis zu unterſt in drey Einſchnitte getheilt. *Houſton* hat dieſes Gewächs ohnweit Vera Crux entdeckt, und es dem Chelſea-Garten mitgetheilt.

Dieſem ſcheint ienes überaus ähnlich zu ſeyn, woferne es nicht das nehmliche iſt, welches der berühmte *Sloane* in ſeiner Geſchichte, unter der Benennung des *indianiſchen Blumenrohrs mit der dem Gifte widerſtehenden Wurzel*, beſchrieben hat. Denn als ſelbiges in dem Chelſea-Garten blühete, zeigte es ſich, daſs es unter die Gattung *Maranta* gehören müſſe. Es blühete aber mit kleinern und wenigern Blumen, als man an dem *Houſton*ſchen gewahr wurde. Woferne aber, wie es auch wirklich das Anſehen hat, dieſe beyden Gewächſe nicht als Art von einander verſchieden ſeyn dürſten, ſo könnte man folgende Synonymen ihr beyſetzen: *Radix contra venenatas ſagittas. C. B. Pin.* 14. *Turara ibid.* 184. *Uppee. Pis. Mantiſſ. aromat.* 171. *Canna indica radice alexipharmaca. Indian arrowroot. Sloane Cat. Jam.* 122. *Hiſt. I.* 253. *II.* 380. *Canna indica anguſtifolia, pediculis longis, ad imum folium, nodo ſingulari geniculatis. Arrow root et Dart herb noſtratibus dicta. Pluck. Alm.* 79. *Canna indica etc. Sloan. Raii Supp.* 573. *Toulola; Herbe aux fleches Labat. I.* 477. Nur dieienigen Synonymen, welche die Blumen roth angeben, ſind irrig. Denn *Sloane* hatte, als er ſeine Geſchichte ſchrieb, die Blumen dieſes Gewächſes noch gar nicht geſehen.

Nach *Sloans* Beſchreibung iſt die Wurzel einen halben Zoll lange, weiſs, kegelförmig, und in verſchiedene einen Zoll lange, röthlichte Stücke geſpalten.

Eben derſelbige hat ſie in den Gärten von Jamaika und den caraibiſchen Inſeln geſehen, wohin ſie aus St. Domingo gebracht worden.

Sie wird wegen ihrer auſſerordentlichen Wirkung dem Gifte zu widerſtehen, von den Indi-

tuſae infuſum ad vulnera venenatis ſagittis inflicta curanda propinant. Eandem etiam contuſam cataplaſmatis modo ipſi vulneri applicant. Hoc autem quam primum faciendum eſt; mora enim vel minima eſt periculoſa. Eadem ad *Mancanillae* venenum certiſſimum eſt remedium: quod et ipſe in horto ſuo expertus eſt nobiliſſimus *Petraeus*.

Indiern ſehr geſchätzt. Sie bedienen ſich des Aufguſſes der geſtoſſenen Wurzel, als Heilmittel bey von vergifteten Pfeilen verurſachten Verwundungen. Auch legen ſie ſolche als Breyumſchlag geſtoſsen über die Wunde. Jedoch muſs dieſes ſogleich geſchehen, denn ieder Verzug, auch der mindeſte, wird gefährlich. Auch iſt ſie ein zuverläſsiges Mittel wider den Gift des *Manchinelbaums*, wie *Petraeus* ſelbſt in ſeinem eigenen Garten erprobt gefunden.

Plantis radicis ſeritur, quae numeroſae admodum fiunt, ſi modo plantae loco tepido ſerventur, et frequenter irrigentur. Vaſis fictilibus, terra levi arenoſa, repletis, in pulvinum cortice ſtercoratum demiſſis, ſerito. Menſe *Auguſto* vel *Septembri* transferto et radices divellito. Tempore brumali, hybernaculi calorem, ad decimum uſque gradum ſupra eum, quem temperatum vocant, evehito.

Es läſst ſich dieſes Gewächs durch Ableger, deren es ſehr viele treibt, vermehren, woferne nur die Pflanzen an einem lauwarmen Ort gehalten, und öfters begoſſen werden. Man ſetzt ſelbige in Blumentöpfe, die mit leichter ſandigter Erde angefüllt ſind, und in einem Lohbeet ſtehen. Im *Auguſt* oder *September* müſſen ſie verſetzet, und die Wurzeln getheilet werden. Im Winter müſſen ſie in der Winterung eine Wärme haben, welche den temperirten Grad um zehen Grade überſteigt.

TAB. XXXVIII.

Gronovia ſcandens. Linn. Syſt. Veg. n. 1. p. 243. Spec. Pl. T. I. n. 1. p. 292. Syſt. Pl. T. I. n. 1. p. 567. Hort. Cliff. 74. *Mill.* Dict. n. 1. *Amm.* herb. 346. Gronovia ſcandens lappacea, pampinea fronde. *Houſt. Martyn.*

Caulis huic volubilis, viridis, ſpinulis hamatis, nonnihil urentibus obſitus; foliis veſtitus alternis, in ſegmenta acuta, Vitis aut Bryoniae fere in modum profunde diviſis, ſpinulis ſeu potius pilis hamatis aſperis. Flores gerit in faſciculis, ex alis foliorum egreſſis, androgynos, umbilicatos; ovario namque pentagono, monoſpermo, pilis albis inter angulos villoſo, ſtylus inſidet ſimplex, albus, fibula flava clauſus; hunc ambiunt ſtamina quinque flava, totidem apices flavos gerentia; has partes veſtiunt petala quinque flava, exigua admodum,

XXXVIII. KUPFERTAFEL.

Die kletternde Gronovie. Linné Pfl. Syſt. 3 Th. n. 1. p. 303.

Der Stamm iſt kletternd, grün, und mit hackenförmigen einigermaſſen brennenden Dornſpitzen bewafnet. Die Blätter ſitzen an ſelbigem in abwechſelnder Ordnung, ſind in ſpitzige Einſchnitte, nach Art der Wein- oder Zaunrübenblätter tief geſpalten, und durch kleine Stacheln, oder vielmehr durch hackenförmige Härchen rauh. Die Blumen ſtehen in Büſcheln, die aus den Blatwinkeln entſpringen, bey einander, welche zwitterartig und nabelförmig ſind. Denn auf dem fünfeckigten, einſaamigten, und zwiſchen ſeinen Ecken weiſslicht-haarichten Fruchtknoten, ſitzt ein einfacher, weiſser Griffel, der mit einer gelben Narbe gekrönt iſt; rings um denſelben ſtehen fünf gelbe Staubfäden, die eben ſo viele gelbe Staubbeutel unterſtützen, welche

modum, calyce amplo, flavo, munita, in quinque ſegmenta profunde diviſo.

welche Theile ſämmtlich von fünf gelben, überaus kleinen Kronblättern, und von einem weiten gelben Kelche, der in fünf Einſchnitte tief geſpalten iſt, umgeben werden.

Novum hoc plantae genus prope Veram Crucem invenit *Houſtonus*, nomenque ei impoſuit doctiſſimi *Joannis Friederici Gronovii, Medicinae Doctoris Lugduno Batavi.*

Dieſe neue Pflanzengattung entdeckte *Houſton* ohnweit Vera Crux, und nannte ſie zur Ehre des berühmten *Johann Friederich Gronovs, der Arzneykunde Doktors zu Leiden, Gronovia.*

Semina in pulvinis ſtercoratis eodem cum Amaranthis modo ſeruntur. Deinde vero in hybernaculum cortice calens transſerentur, ubi ſpatium aliquot relinquendum eſt, ut ramos poſſint extendere, aliter enim vicinas omnes plantas caulibus ſuis volubilibus obvolvent. Si coelum calidum fuerit ſaepe irrigentur. Semina in horto Chelſeiano, anno ſuperiore, quo primum ſata fuerunt, non produxerunt.

Die Saamen werden, wie die von den Amaranthen, in ein Miſtbeet geſäet, und wenn die Pflanzen aufgegangen, hierauf in ein Lohhauſs geſetzt, woſelbſt man ihnen aber ſo viel Raum verſtatteu muſs, ſich mit ihren Aeſten auszubreiten, auſſerdem ſie ſich mit ihren kletternden Stämmen um alle ihnen zu nahe ſtehenden Pflanzen winden würden. Bey heiſser Witterung muſs man ſie oſt begieſsen. Sie haben in dem Chelſea-Garten, woſelbſt ſie im vergangenen Jahre zum erſtenmale geſäet worden, noch keinen Saamen getragen.

TAB. XXXIX.

Milleria quinqueflora: ſoliis cordatis, pedunculis dichotomis. *Linn.* Syſt. Veg. n. 1. p. 789. Mant. Pl. II. p. 478. Sp. Pl. T. II. n. 1. p. 1301. Syſt. Pl. T. IV. n. 1. p. 918. Hort. Cliff. 425. *Roy* lugdb. 182. *Mill.* Dict. n. 1. Milleria annua erecta, foliis coniugatis; floribus ſpicatis luteis. *Houſton. Martyn.*

Novam hanc et ſingularem omnino plantam prope Veram Crucem invenit amicus ſupra laudatus. Nomen quidem obtinet amici iucundiſſimi, *Philippi Miller*, viri paucis admodum in plantarum cognitione, nulli vero in earum cultura ſecundi. Hiſce autem verbis generis definitio ab ipſo inventore ſcribitur:

« *Milleria* eſt plantae genus flore com-
« poſito, conſtante pluribus floſculis, et
« unico

XXXIX. KUPFERTAFEL.

Fünfblumige Millerie, mit herzförmigen Blättern, und zweyzeiligen Blumenſtielen. *Linné* Pfl. Syſt. 10 Th. n. 1. p. 2.

Dieſe neue und ganz beſondere Pflanze hat gedachter Freund bey Vera Crux entdeckt. Sie führt den Namen meines verehrteſten Freundes, *Philipp Millers*, eines Mannes, der in der Kenntniſs der Gewächſe wenige, aber in der Cultur derſelben keinen ſeines gleichen hat. Ihr Entdecker legt die Beſtimmung dieſer neuen Pflanzengattung mit folgenden Worten vor:

« Die *Millerie* iſt eine Pflanzengattung,
« die eine zuſammengeſetzte Blume hat,
« folg-

« unico ſemifloſculo, communi calyce com-
« prehenſis. Floſculi omnes ſteriles ſunt,
« ſed ſemifloſculo ſuccedit ſemen unicum. »

« folglich aus mehrern Blümchen, und ei-
« nem einzigen Halbblümchen beſteht, die
« von einem gemeinſchaftlichen Kelche um-
« geben werden. Alle Blümchen ſind un-
« fruchtbar, und nur das einzige Halbblüm-
« chen bringt einen einzigen Saamen zur
« Reife. »

Ex radice fibroſa, caulis aſſurgit, quinque aut ſex pedes altus, quadratus, ſulcatus, verſus imam partem bullis albicantibus aſper. Rami ex alis foliorum inter ſe contrarii oriuntur. Folia etiam habet adverſa, ſerrata, perampla, caudata, nervo donata ex purpura nigro, deinde in latitudinem ſtatim ampliata, unde in mucronem acutum deſinunt. Nervi, ubi cauda deſinit, verſus extremitatem folii brachiantur. In ſummitate plantae, atque in extremitatibus ramulorum, qui bifariam ſemper dividuntur, flores habentur compoſiti, ſingularis admodum ſtructurae: ovario namque monoſpermo quatuor floſculi flavi inſident, ſtylo per vaginam nigropurpuream transeunte, et ſemifloſculus unicus trifidus.

Aus einer zaſerichten Wurzel entſpringt ein fünf bis ſechs Schuh hoher, viereckigter, gefurchter Stamm, der an ſeinem unterſten Theil durch weiſslichte Bläschen rauh iſt. Die Aeſte entſpringen aus den Blatwinkeln, und ſtehen gerade gegen einander über, ſo wie die Blätter, die ſägenartig gezähnt, ſehr breit, geſtielt, und mit einem dunkel purpurrothen Nerven gezeichnet ſind; ſie werden anfangs ſogleich ſehr breit, verliehren ſich aber nachgehends in eine ſcharfe Spitze. Die Blatnerven breiten ſich, wo der Stiel des Blates ſitzt, gegen deſſen Endſpitze zu, armförmig aus einander. Auf der Spitze der Pflanze, ſo wie oben an den Aeſten, die ſtets in zwo Reihen ſtehen, ſitzen die zuſammengeſetzten Blumen, die von einem ganz beſondern Baue ſind: denn auf einem einſaamigten Fruchtknoten ſitzen vier gelbe Blümchen, durch deren dunkelpurpurrothe Scheide der Griffel läuft, und ein einziges dreyſpaltiges Halbblümchen.

Seminibus tantummodo propagari poteſt, quae *Martio* menſe in pulvino ſtercorato ſerantur. Cum plantae ſe primo oſtenderint, eas in alium pulvinum ſtercoratum transferto. Cum ad altitudinem pedalem ſe attulerint, cum terra radicibus adhaerente eas evellito, et in vaſa fictilia, terra laevi, pingui repleta, transferto. Ipſa autem vaſa fictilia in pulvinum cortice ſtercoratum demittito, atque in hybernaculo ſervato.

Man kan dieſe Pflanze nur aus den Saamen ziehen, die man im *März* in ein Miſtbeet ſäen muſs. Sobald ſie aufgegangen, muſs man die Pflanzen in ein anderes Miſtbeet verſetzen. Wenn ſie einen Schuh hoch herangewachſen, ſo muſs man ſie ſamt der an ihren Wurzeln hangen bleibenden Erde heraus nehmen, und ſie in mit leichter fetter Erde angefüllte Blumentöpfe verſetzen. Die Blumentöpfe ſelbſt muſs man aber in ein Lohbeet ſtellen, und ſie in der Winterung verwahren.

TAB. XL.

Martynia annua: caule ramoſo, foliis angulatis. *Linn.* Sp. Pl. ed. X. an. 1752. *Martynia diandra,* ramis dichotomis, foliis cordato-orbiculatis, dentatis, floribus diandris. *Gloxin* Obſerv. botan. n. 3. p. 14. tab. I. Martynia. *Reliq. Houſtonian.* p. 5. tab. X. *Ehret.* pl. tab. I. fig. 5. *Philoſoph. transact.* Vol. XXXVIII. n. 427. p. 3. *Mill.* Dict. n. 1. Martynia annua villoſa et viſcoſa, folio ſubrotundo, flore magno rubro. *Houſt. Martyn.*

Plantae huic non minus eleganti quam novae hoc nomen imponere dilectiſſimo *Houſtono* placuit, ne amici ſui periturum nomen omnino ignorarent poſteri. Genus autem hoc modo definivit ipſe vir ornatiſſimus:

« *Martynia* eſt plantae genus, flore « monopetalo, anomalo, in duo quaſi labia « ſciſſo, quorum ſuperius bifidum eſt, et « ſurrectum, inferius vero tripartitum, ſeg« mento medio maiore. Fructus membra« na coriacea tegitur, intus autem eſt oſſi« culum, quatuor ſeminibus foetum. »

Radices habet fibroſas annuas. Caules pollicem craſſos, ex viridi rubeſcentes, villoſos, in ramos bifariam diviſos, foliis veſtitos adverſis, peramplis, villoſis, viſcidis, ſinuatis. Flores in ramorum divaricationibus, in thyrſo collocantur, androgyni, monopetali; petalo in quinque ſegmenta inaequalia diviſo, externe pallide rubro, admodum villoſo, interne macula ſaturatius purpurea in ſingulis ſegmentis notato, maculis, in parte tubuloſa, hinc inde conſperſo, et maculis flavis in parte inferiori vario. Calycem habet duplicem; exteriorem nempe quadrifolium, interiorem trifolium, utrumque irregularem, e viridi rubrum.

XL. KUPFERTAFEL.

Jährige Martynie, mit einem äſtigen Stamme, und eckigten Blättern.

Dieſe ſo ſchöne als neue Pflanze war meinem verehrteſten Freund *Houſton* alſo zu benennen ſo gefällig, damit des Namens Seines Freundes auch bey der Nachkommenſchaft gedacht würde. Dieſe Pflanzengattung aber beſtimmte Er Selbſt mit folgenden:

« Die *Martynie* iſt eine Pflanzengattung, « deren Blume einblätterigt, unregelmäſig, « und gleichſam in zwey Lippen getheilet « iſt, von welchen die obere zweyſpaltig « und aufrecht in die Höhe gerichtet, die « untere aber dreytheilig iſt, ſo daſs der « mittlere Einſchnitt am gröſsten iſt. Das « Saamengehäuſe wird von einer lederarti« gen Membrane umgeben, und ſchlieſst « eine beinharte Capſel ein, die vier Saa« men enthält. »

Die Wurzel iſt zaſericht und iährig. Die Stämme ſind einen Zoll dicke, grünröthlicht, rauhhärig, theilen ſich in zwo Reihen gehende Aeſte, die mit gegen einander über ſtehenden, ſehr breiten, rauhhärigten, klebrichten, am Rande ausgeſchweiften Blättern beſetzt ſind. Die Blumen kommen zwiſchen den Abtheilungen der Aeſte heraus, ſtehen ſtrauſsartig bey einander, ſind zwitterartig und einblätterigt. Das Kronblat iſt in fünf ungleichförmige Einſchnitte geſpalten, auswärts bleichroth, überaus zottig, einwärts auf iedem einzelnen Einſchnitte mit einem dunkelpurpurfärbigen Flecken gezeichnet, auf deſſen

rubrum. Ex ovario affurgit ftylus fimplex, compreffus: ex petali autem parte interiori ftamina quatuor cum fuis apicibus, duo quidem maiora, duo autem minora. Fructus fuccedit viridis, putamine coriaceo tectus, quod bifarium dehifcens officulum praedurum oftendit, in quatuor loculamenta divifum, quorum in fingulis continetur femen unicum, oblongum, nigrum.

deffen röhrichten Theil hie und da durch ähnliche Flecken, und auswärts noch durch andere gelbe Flecken bunt. Der Kelch ift zweyfach; der äuffere ift vierblätterigt, der innere dreyblätterigt: beyde find unregelmäfsig, und grün-roth. Auf dem Fruchtknoten fteht ein einfacher zufammengedrückter Griffel, und einwärts auf dem Kronblat fitzen vier Staubfäden mit ihren Staubbeuteln, von welchen zwey gröffer als die beyden andern find. Die hierauf folgende Frucht ift grün, in eine lederartige Schaale gehüllt, die zweyfach auffpringt, und ein überaus hartes Gehäufe wahrnehmen läfst, das in vier Fächer abgetheilt ift, in welchem iedem ein einzelner, länglichter, fchwarzer Saame liegt.

Prope Veram Crucem inventam ad hortum Chelfeianum A. 1731 mifit *Houftonus* nofter. Semina in pulvino calente, *Martio* ineunte ferito. Cum plantae fe extulerint, eas in vafa fictilia ponito, atque in hybernaculum cortice calens transferto. Poft mediam aeftatem flores iucundo fpectaculo fe prodent; et femina ad maturitatem pervenient.

Houfton entdeckte diefe Pflanze im Jahr 1731 ohnweit Vera Crux, und theilte fie dem Garten zu Chelfea mit. Man fäet fie zu Anfang des *Märzmonats* in ein Miftbeet. Wenn die Pflanzen aufgegangen, verfetzt man fie in Blumentöpfe, die man nachgehends in ein Lohhaus ftellen mufs. So werden fie dann nach des Sommers Mitte ihre fchönen Blumen zeigen, und den Saamen zur Reife bringen können.

Houftons Martynie, und *Juffieu's* und *Schmidels* Probofcidea, haben die Botaniker in ihren Schriften immer für eine und die nehmliche Pflanze angegeben. Beyde find aber wefentlich von einander unterfchieden. *Linné* kannte *Houftons Martynie* früher, als *Juffieu's* Probofcidea, die er felbft erft (Syft. Nat. ed. XII. p. 412.) mit iener verwechfelte, und dadurch die nachfolgenden Verirrungen veranlafste. *Gloxin* hat in feinen angeführten *Obfervat. botan.* das Verdienft, beyde Pflanzenarten beftimmter aus einander gefetzt, und ihre Aehnlichkeiten und Abweichungen von- und gegen einander, genauer als einer vor ihm, erwiefen und gezeigt zu haben. Auf der gegenwärtigen XLften Martynfchen Kupfertafel ift daher, nach Anleitung der angegebenen Beftimmung, *Houftons Martynie* alleine erfichtlich. *P.*

HISTORIAE PLANTARVM RARIORVM

DECAS QVINTA.

TAB. XLI.

Crotalaria ſagittalis: foliis ſimplicibus lanceolatis, ſtipulis decurrentibus ſolitariis bidentatis. *Linn.* Syſt. Veg. n. 4. p. 649. Sp. Pl. T. II. n. 4. p. 1003. Syſt. Pl. T. III. n. 4. p. 419. Hort. Cliff. 357.* *Gron.* virg. 105. *Roy.* lugdb. 374. *Mill.* Dict. n. 3. Crotalaria hirſuta minor americana herbacea, caule ad ſummum ſagittato. *Herm.* lugdb. 202. t. 203. *Pluk.* alm. 122. tab. 169. fig. 6. Crotalaria americana, caule alato, foliis piloſis, floribus in thyrſo luteis. *Martyn.*

Caulem habet alatum, foliis veſtitum ſimplicibus, tres uncias longis, unam latis, ſuperne pilis albicantibus obſitis, inferne vero incanis. Ex alis foliorum thyrſi proveniunt, floribus ornati papilionaceis, pendulis, quorum petala flava ſunt, et calyx quinquepartitus. Singulis floribus ſuccedit ſiliqua, ſeſcunciam longa, tumida, ſemina plura continens, pediculo longo adnata.

Semina huius plantae ex *Portu Bello* A. 1734 miſit *Robertus Millar,* Chirurgus, quae in horto Chelſeiano ſata flores et fructus quotannis protulerunt. In pulvino fimo calente *Martio* ineunte ſerito. Cum plantae uncias duas altae fuerint, ſingulas in vaſa fictilia ſingula minora transferto; illa vero terra recenti impleto, et in pulvinum cortice calentem demittito. A ſole, donec coaleſcant, plantas defendito: deinde vero aerem tepidum quotidie admittito; atque eas ſaepius irrigato. Cum eo uſque adole-

BESCHREIBUNG SELTENER PFLANZEN

FÜNFTES ZEHEND.

XLI. KUPFERTAFEL.

Pfeilförmige Klapperſchotte, mit einfachen lanzettförmigen Blättern, und herunter laufenden einzelnen doppeltgezähnten Blatanſätzen. *Linné* Pfl. Syſt. 8 Th. n. 4. p. 500.

Der Stamm iſt geflügelt; die Blätter einfach, drey Zolle lang, einen Zoll breit, auf ihrer Oberfläche mit weiſslichten Haaren beſetzt, und auf ihrer Unterfläche grau beſtäubt. Die Blumen kommen aus den Winkeln derſelben in Spitzſträuſsen hervor, ſind ſchmetterlingsförmig, hangend, gelb an ihren Kronblättern, und mit einem fünftheiligem Kelche verſehen. Auf iede einzelne Blume folgt eine anderthalb Zoll lange, aufgedunſene, an einem langen Stiel hangende Schotte, die viele Saamenkörner einſchlieſset.

Den Saamen dieſer Pflanze ſandte *Robert Millar,* ein Wundarzt, im Jahr 1734 von *Porto Bello* hieher, der auch in dem Garten von Chelſea ausgeſäet worden, und iährlich Blumen und Saamen getragen. Man muſs ihn zu Anfang des *Märzmonats* in ein warmes Miſtbeet ſäen. Wenn die Pflanzen zwey Zoll hoch getrieben, ſo muſs man iede in beſondere kleine, mit friſcher Gartenerde angefüllte Blumentöpfe ſetzen, dieſe hernach in ein warmes Lohbeet ſtellen. Auch müſſen ſie, ſo lange bis ſie erſtarkt ſind, im

adoleverint ut tectum pulvini attigerint, in vaſa maiora, in pulvinum hypocauſti demittenda, eas transferto, ubi flores producent, et ſemina perficient: quo facto plantae ſunt periturae.

im Schatten ſtehen, ſodann aber täglich in die warme Luft gebracht, und öfters begoſſen werden. Wenn ſie nun ſo hoch herangewachſen, daſs ſie die Decke des Miſtbeetes erreicht haben, muſs man ſie in gröſſere Töpfe ſetzen, und ſie ſodann in das Miſtbeet im Glashaus ſtellen, wo ſie dann blühen und reifen Saamen tragen werden. Dann aber welken ſie auch hin.

TAB. XLII.

Sophora alba: foliis ternatis petiolatis, foliolis ellipticis glabris, ſtipulis ſubulatis brevibus. *Linn.* Syſt. Veg. n. 11. p. 391. Syſt. Pl. T. II. n. 10. p. 243. *Crotalaria alba*: foliis ternatis lanceolato-ovatis, caule laevi herbaceo, racemo terminali. Sp. Pl. T. II. n. 16. p. 1006. *Murray* Comm. Gött. 1778. p. 96. tab. 6. Anonis caroliniana perennis non ſpinoſa, foliorum marginibus integris, floribus in thyrſo candidis. *Martyn.*

Ex radice reſtibili ad trium aut quatuor pedum altitudinem aſſurgit, caule viridi, ramoſo, farina cinerea undique obducto. Foliis veſtitur trifoliatis, quorum lobi ex anguſta baſi in latitudinem ſemuncialem augentur, et deinde in acumen deſinunt, marginibus integris. Caulis in thyrſum deſinit florum papilionaceorum, quorum ſinguli pediculo ſemunciali inſident. Flos autem ovario conſtat oblongo, compreſſo, inter petala duo, quae carinam conſtituunt, poſito, et decem apicibus aureis, ſtaminibus viridibus innixis. Petalis ornatur quinque, albis; vexilli lateribus reflexis, parte media interna concava, luteſcente, punctulis purpuraſcentibus aſperſa, in extremitate bifida. Calyce munitur tubuloſo, in quatuor ſegmenta diviſo, quorum unum maius vexillo imponitur, tria minora alas et carinam ſuſtinent. Siliqua ſuccedit ſeſcuncialis, tumida, ſeminibus donata reniformibus, pediculo annexis.

Caro-

XLII. KUPFERTAFEL.

Weiſse Sophora, mit dreyfachen geſtielten Blättern, die aus ovalen glatten Blätlein beſtehen, und pfriemenförmige kurze Blatanſätze haben. *Linné* Pfl. Syſt. 3 Th. n. 10. p. 500.

Aus einer perennirenden Wurzel entſpringt ein drey bis vier Schuh hoher grüner, äſtiger, mit einem grauen, mehlartigen Staube überzogener Stamm. Die Blätter ſind dreyfach: ihre Lappen erweitern ſich von ihrer ſchmalen Baſis an bis zur Breite eines halben Zolles, und ſind an ihrem Rande ungetheilt. Der Stamm endigt ſich mit einem aus ſchmetterlingsförmigen Blumen beſtehenden Spitzſtrauſs, wovon iede einzelne auf einem einen halben Zoll langen Stiel ſitzt, aus einem länglichten zuſammengedrückten, zwiſchen den beyden, den Kahn bildenden, Kronblättern befindlichen Fruchtknoten, und aus zehen goldfärbigen Staubbeuteln, die auf grünen Fäden ruhen, zuſammengeſetzt iſt. Der Kronblätter ſind fünf zugegen, welche weiſs, und an ihrem Fähnchen ſeitwärts zurückgeſchlagen ſind: letztere ſind in ihrer Mitte einwärts ausgehölt, gelblicht, purpurröthlicht punktirt, und an ihrer Endung geſpalten. Der ſie umgebende Kelch iſt röhricht, und viermal eingeſchnitten: einer, und zwar der gröſste Einſchnitt, liegt auf der Fahne, die drey kleinern aber umgeben die Flügel und den Kiel. Die auf ſie folgende Schotte iſt anderthalb Zolle lang, aufgedunſen, und mit nierenförmigen an einem beſondern Stiel befeſtigten Saamen angefüllt.

Das

Carolinae meridionalis incola eſt, unde *Catesbaeus* ſemina attulit A. 1724. Semina verno tempore in pulvino modice ſtercorato ſerito. Cum ad unciae unius altitudinem plantae pervenerint, eas in vaſa fictilia minora transferto, quae in alium pulvinum ſunt demittenda. Ibi a ſole donec coaleſcant defendito. Deinde coelo liberiori exponito, et frequenter irrigato. Aeri plantas adoleſcentes paulatim aſſueſcito, ita ut *Junio* menſe coelum apertum non reformident, quo tempore in apricum locum eas deferto, a ventorum iniuriis munitum. *Octobri* menſe in pulvinum ſtercoratum deferto, atque aeri quotiescunque coelum permiſerit exponito. Vere ſequenti ex vaſis fictilibus in terram locis tepidioribus transferantur, ubi per plures annos facile ſervantur; et flores quotannis *Junio* oſtendunt, ſemina autem *Auguſto* ad maturitatem perducunt.

Das Vaterland dieſes Gewächſes iſt das ſüdliche Carolina, woher *Catesby* im Jahr 1724 die Saamen hievon mitgebracht hat. Dieſe muſs man im Frühlinge in ein gemäſſigtes Miſtbeet ſäen. Wenn die Pflanzen einen Zoll hoch herangewachſen, ſo muſs man ſie in kleine Blumentöpfe verſetzen, die man in ein anderes Miſtbeet ſtellt, und ſo lange im Schatten hält, bis ſie genugſam erſtarket ſind. Alsdann kan man ſie der freyen Luft ausſetzen, auch öfters begieſsen laſſen. Hierauf gewöhne man die annoch iungen Pflanzen nach und nach an die freye Luft, ſo daſs ſie im *Junius* von ihr nichts mehr zu befürchten haben, wornach man ſie dann an einen ſonnenreichen Ort bringen kān, doch ſo, daſs ſie von Winden hinlänglich befriediget ſind. Im *October* ſtellt man ſie in ein Miſtbeet, und ſetzt ſie nun dann, wenn es die Witterung verſtattet, der freyen Luft aus. Den nächſten Frühling nimmt man ſie aus den Töpfen heraus, und ſetzt ſie an einen warmen Platz in die Erde, woſelbſt ſie dann mehrere Jahre über zu erhalten ſind, und alle Jahre im *Junius* blühen, im *Auguſt* aber reife Saamen bringen werden.

TAB. XLIII.

Cleome - - -

Sinapiſtrum indicum ſpinoſum, flore carneo, folio trifido vel quinquefido. *Houſton* Cat. MSS. *Martyn.*

Caule aſſurgit tereti, hirſuto, rubro, ſtriato, ramoſo, ad foliorum exortum ſpinoſo. Foliis veſtitur digitatis, trifoliatis vel quinquefoliatis, per margines aequalibus, hirſutis, nervo uno per medium lobi decurrente, ramis alternis undique obſito. Calyx quatuor foliis anguſtis conſtat. Petala quatuor purpuraſcentia ſurſum tendunt; ſtamina vero ſex, rubri coloris, apicibus flavis coronata, deorſum feruntur. Floribus ſuccedunt ſiliquae triunciales teretes, unicapſulares, bivalves, a ſummitate ad imam dehiſcentes. Valvis delapſis, et ſemini-

XLIII. KUPFERTAFEL.

Indianiſches ſtachlichtes *Sinapiſtrum*, mit fleiſchfarbener Blume, und einem drey- auch fünfſpaltigem Blate.

Der Stamm iſt rund, zottigt, roth, geſtreift, äſtig, und an dem Urſprunge der Blätter ſtachlicht. Dieſe ſind fingerförmig, dreyfach, oder fünffach, ungetheilt an ihren Rändern, zottigt, mit einem durch ihre Mitte hindurch laufenden Nerven verſehen, der ſich durchgehends in abwechſelnde Aeſte theilt. Der Kelch beſteht aus vier ſchmalen Blättern. Die vier purpurröthlichte Kronblätter ſtehen aufrecht gerichtet, die ſechs rothen Staubfäden aber, die mit gelben Staubbeuteln verſehen ſind, ſind abwärts gebogen. Auf die Blumen folgen drey Zoll lange runde, einfächerigte, zweyklappigte Schotten,

minibus effuſis manet nervus cui ſemina adhaerebant, et quo valvae fuerant clauſae.

In Cuba inſula primus invenit *Houſtonus*, qui eius ſemina A. 1730 ſecum in Angliam attulit. Seminibus tantummodo ſeritur. In pulvino modice ſimo calente *Martio* menſe ſeritur. Cum plantae unciam altae fuerint, eas in alium pulvinum transferto: quatuor unciarum ſpatium inter ſingulas relinquito: per aliquot dies donec coaleſcant, a ſole defendito: deinde ſaepius irrigato, atque eas aeri libero quotidie exponito. Cum eo uſque plantae adoleverint, ut ſe mutuo tangant, eas cum terra adhaerente in vaſa fictilia, terra levi ac pingui repleta, ponito, atque ſub tectum cortice calens referto. *Auguſto* menſe flores ſe oſtendunt, et *Septembri* ſemina perficiuntur.

ten, die ſich von oben bis unten öffnen. Wenn die Klappe abgefallen, und die Saamen ſich abgelöſet haben, ſo bleibt der Saamenſtiel zurück, an welchen ſie bevor befeſtiget, und wodurch die Klappen geſchloſſen gehalten waren.

Houſton entdeckte dieſe Pflanze zuerſt auf der Inſel Cuba, woher er den Saamen im Jahr 1730 mit nach England brachte. Man kan ſie nur aus dem Saamen ziehen, den man im *März* in ein mäſsig erwärmtes Miſtbeet ſäen muſs. Wenn die Pflanzen einen Zoll hoch herangewachſen, verſetzt man ſie in ein anderes Beet, doch ſo, daſs ſie einen Zoll weit von einander gepflanzt werden, woſelbſt man ſie einige Tage über, bis ſie vollends Wurzel geſchlagen haben, im Schatten halt·n muſs. Man begieſse ſie ſodann öfters, und gebe ihnen täglich friſche Luſt. Wenn ſie ſich nun ſo weit ausgebreitet, daſs ſie ſich einander genähert, ſo nimmt man ſie mit der an ihnen hangend bleibenden Erde heraus, pflanzt ſie in mit leichter fetter Erde angefüllte Blumentöpfe, und bringt ſolche ins Lohbeet. Im *Auguſt* kommen die Blumen zum Vorſchein, und ihr Saame wird alsdann im *September* reif.

Voranſtehendes *Houſton*ſches *Sinapiſtrum* gehört zwar allem Anſchein nach unter die Gattung Cleome, alleine unter den bisher bekannten Arten ſinde ich ſie nicht als ſolche beſtimmt. Wahrſcheinlich iſt ſie bisher noch unbekannt geblieben, und mir kan es daher um ſo weniger zukommen, ſolche ſyſtematiſch, nach einer bloſsen Zeichnung zu beſtimmen. Sie hat übrigens manches ähnliche mit der *Cleome heptaphylla* L., weicht iedoch ſehr von ihr im übrigen ab: zudem auch ſowohl *Houſton* als *Martyn* ihr nur drey- und fünffache Blätter zueignen, von *ſiebenſachen* aber nichts erwähnen. Mehrerer andern der gedachten Cleome zuſtändige Eigenheiten hier zu übergehen. *P.*

TAB. XLIV.

Croton lobatum: foliis inermi-ſerratis: inferioribus quinquelobis, ſuperioribus trilobis. *Linn.* Syſt. Veg. n. 22. p. 864. Sp. Pl. T. II. n. 19. p. 1427. Syſt. Pl. T. IV. n. 20. p. 189. Hort. Cliff. 445. *Roy.* lugdb. 201. *Mill.* Dict. n. 4. *Forskahl.* ſl. aegypt. arab. p. 163. *Vahl* Symb. bot. T. I. p. 78. Ricinoides herbaceum, foliis triſidis ſ. quinqueſidis et ſerratis. *Houſton.* Cat. MSS. *Martyn.*

XLIV. KUPFERTAFEL.

Lappichtes Croton, mit ſägenartig gezähnten Blättern, von denen die untern in fünf, und die obern in drey Lappen zertheilet ſind. *Linné* Pſl. Syſt. 4 Th. n. 21. p. 528.

« Die Stämme dieſer Pflanze ſind rund, « gefurcht, krautartig, einigermaſſen zottig, « aufrecht in die Höhe gerichtet, äſtig, und « gröſs-

« Caules huic plantae teretes, ſulcati, her-
« bacei, leviter hirſuti, erecti, ramoſi, ſes-
« quipedem plerumque alti. Rami plerum-
« que terni ſimul ex caule oriuntur, ipſi-
« que ſimilem diviſionem obſervant. Fo-
« lia inferiora in quinque, ſuperiora vero
« in tres lacinias dividuntur, ſuntque gla-
« bra, et per ambitum ſerrata. In ſummis
« caulibus et ramulis proveniunt ſpicae,
« quinque vel ſex uncias longae, quarum
« medietatem ſuperiorem occupant flores
« maſculini, exigui, conſtantes calyce quin-
« quefido, quinque petalis minimis, utris-
« que purpureis, et multis apicibus luteis,
« brevibus ſtaminibus inſiſtentibus. Flores
« hi integri decidunt, cum ſuis pediculis:
« inferius vero in iisdem ſpicis naſcuntur
« flores feminini, nullis petalis, quantum
« deprehendere potui, inſtructi; ſed em-
« bryone conſtantes ſubrotundo, calyce po-
« lyphyllo viridi comprehenſo, et tubo in-
« ſtructo ab ipſo exortu triſido, et expanſo;
« purpuraſcente, et ad extrema fimbriato,
« qui etiam maturo fructu durat. Fructus
« ipſe tricoccus eſt, ut in congeneribus,
« glaber, et magnitudinis. Piſi maximi,
« vel Fabae equinae. » *Houſton.*

« gröſstentheils anderthalb Schuh hoch. Die
« Aeſte ſitzen faſt immer ie drey und drey
« an ſelbigen beyſammen, und theilen ſich
« auch wieder auf ähnliche Weiſe. Die un-
« tern Blätter ſpalten ſich in fünf, die obern
« aber in drey Lappen, welche glatt und an
« ihrem Rande ſägenartig gezähnt ſind. Auf
« den Endungen und Spitzen der Stämme
« und Aeſte, ſtehen fünf bis ſechs Zolle lan-
« ge Blumenähren, auf deren obern Hälfte
« kleine männliche Blumen ſitzen, die aus
« einem fünfſpaltigen Kelche, fünf überaus
« kleinen Kronblättern, die beyde purpur-
« röthlicht ſind, und vielen gelben Staub-
« beuteln, die auf kurzen Trägern befeſtiget
« ſind, beſtehen. Dieſe fallen ſamt ihren
« Stielchen ganz ab. Zu unterſt aber ſitzen
« an eben dieſen Aehren die weiblichen Blü-
« then, welchen, ſo viel ich bemerken konn-
« te, die Kronblätter fehlen, die aber aus
« einem ziemlich runden Fruchtknoten, und
« aus einem ſie umgebenden vielblätterich-
« ten grünen Kelche beſtehen: dieſer hat
« eine ſchon an ſeiner Baſis dreyſpaltige,
« nachher ſich aber ausbreitende, purpur-
« röthlichte Röhre, die an ihren Spitzen ge-
« franzt, und auch noch an der reifen Frucht
« ſtehen bleibt. Dieſe iſt dreyfächerigt, und
« gleich andern Arten dieſer Gattung glatt,
« und ſo groſs, wie die gröſste Erbſe oder
« Pferdbohne. » *Houſton.*

Circa Veram Crucem frequens eſt, teſte *Houſtono*, qui ſemina eius A. 1730 in Europam miſit. Planta eſt annua. Semina pulvino modice calente *Martio* ineunte ſerito. Cum plantae duas uncias altae fuerint, eas in vaſa fictilia minora, terra levi repleta transferto, atque ipſa vaſa in pulvinum cortice ſtercoratum demittito: quotidie irrigato, et a ſole donec coaleſcant, defendito. Deinde tepidis diebus et inſolatis aerem admittito. *Aprili*, cum vaſa iam radicibus tota opplentur, plantas in vaſa maiora terra conſimili repleta transferto, eaque iterum in pulvinum cortice calentem demittito: aerem admittito, et aquam pro tempeſtatis ratione adhibeto. *Julio* florent, et *Auguſto* ſemina perficiuntur;

Nach *Houſtons* Zeugniſs ſeye dieſe Pflanze häufig um Vera Crux, deren Saamen er auch im Jahr 1730, nach Europa geſandt hat. Sie iſt iährig. Man ſäet ſie zu Anfang des *Märzmonats* in ein mäſsig erwärmtes Miſtbeet. Wenn die Pflanzen zwey Zoll hoch herangewachſen, ſetzt man ſie in kleine mit leichter Erde angefüllte Töpfe, und ſtellt ſie hernach in ein Lohbeet, begieſst ſie täglich, und hält ſie, bis ſie erſtarket ſind, im Schatten, alsdann man ſie an warmen und ſonnenreichen Tägen der freyen Luft ausſetzen kan. Im *April* aber, wenn die Töpfe ganz mit Wurzeln angefüllt ſind, verſetzt man ſie abermals, in mit ähnlicher Erde angefüllte kleinere, ſtellt ſie wieder in ein warmes Lohbeet, begieſst ſie, und verſtattet ihnen

tur; quo tempore alternis diebus videto, ne fructus maturi difrumpantur, quod nifi diligenter feceris, periculum eft, ne femina hinc inde fparfa, fruftra quaeras.

ihnen, nach Befchaffenheit der Witterung, freye Luft. Im *Julio* werden fie blühen, und im *Auguft* reifen Saamen bringen. In diefem Zeitpunkt mufs man einen Tag um den andern genau darauf fehen, ob die reifen Saamencapfeln auffpringen, welches, wenn es nicht fleifsig gefchieht, die unangenehme Folge hat, dafs die Saamen fich hie und da von felbft ausftreuen, und man nach ihnen vergeblich fuchen dürfte.

TAB. XLV.

Milleria biflora: foliis ovatis, pedunculis fimpliciffimis. *Linn.* Syft. Veg. n. 2. p. 789. Sp. Pl. T. II. n. 2. p. 1301. Syft. Pl. T. III. n. 2. p. 918. Hort. Cliff. p. 425. tab. 25.* Hort. Vpf. 275. *Roy.* lugdb. 182. *Loefl.* It. 239. *Mill.* Dict. n. 3. Martynia annua minor, foliis parietariae, floribus ex foliorum alis. *Houfton* Cat. MSS. *Martyn.*

A radice annua caulem attollit ftriatum, ex viridi rubefcentem, valde ramofum: ad fingulos enim caulium nodos rami plures oriuntur, parte inferiore nudi, verfus fummitatem vero foliis veftiti adverfis, per margines leviter incifis. Flores verfus fummitatem caulis et ramorum nafcuntur, in foliorum alis, conglomerati, flavi, flofculis conftantes binis, fterilibus, et femiflofculo unico, qui ovario compreffo infidet. Calycem habent duplicem, interiorem bifolium, exteriorem unifolium fubrotundum. Semen fuccedit compreffum, acuminatum.

Ex Campechia mifit *Houftonus* A. 1730.

Milleria quinquefolia. Linn. Var. β. *Milleria maculata:* foliis infimis cordato-ovatis acutis rugofis, caulinis lanceolato-ovatis acuminatis. *Mill.* Dict. n. 2. *Milleria* annua, erecta, ramofior, foliis maculatis, profundius ferratis. *Martyn.*

Milleriae in *Decade quarta* defcriptae primo

XLV. KUPFERTAFEL.

Zweyblumige Millerie, mit eyrunden Blättern, und überaus einfachen Blumenftielen. *Linné* Pfl. Syft. 10 Th. n. 2. p. 3.

Aus einer jährigen Wurzel geht ein geftreifter grünlicht-rother Stamm in die Höhe, der fich in fehr viele Aefte theilet. Diefe ftehen an iedem Gelenke deffelben in beträchtlicher Anzahl, find unterwärts ganz blätterlos, aufwärts aber mit gegen einander über ftehenden, und an ihrem Rande mäfsig eingefchnittenen Blättern befetzt. Die Blüthen fitzen an den Endungen des Stammes und der Aefte knaulartig zufammengedrungen, in den Winkeln der Blätter, find gelb, und beftehen aus zwey unfruchtbaren Blümchen und einem einzigen Halbblümchen, das auf einem zufammengedrückten Fruchtknoten ruhet. Ihr Kelch ift zweyfach; der innere zweyblätterich, der äuffere einblätterich und einigermafsen rund. Der hierauf folgende Saame ift zufammengedrückt, und fcharf zugefpitzt.

Aus Campeche fandte *Houfton* diefes Gewächs im Jahr 1730.

Fünfblätterichte Millerie. Abänder.

Diefe Art fcheint dem erften Anfehen nach der in dem *vierten Zehend* befchriebenen *Millerie* aufferordentlich ähnlich zu feyn, ift

mo intuitu ſimilis admodum videtur. Eſt autem aliquanto humilior et ramoſior. Folia etiam ſunt magis profunde ſerrata, minora, magis acuminata, et maculis nigricantibus notata. Floſculi tres et ſemifloſculus unus florem conſtituunt.

Ex Panama miſit *Robertus Millar*, Chirurgus, A. 1735.

Species utraque ſeminibus tantummodo ſeritur, et eodem modo, quo *Sinapiſtrum* iam deſcriptum colitur.

iſt aber um ein beträchtliches niedriger und äſtiger. Auch die Blätter ſind tiefer ſägenartig eingeſchnitten, kleiner, ſchärfer zugeſpitzt, und mit ſchwärzlichten Flecken gezeichnet. Drey Blümchen und ein einziges Halbblümchen machen die ganze Blume aus.

Aus Panama ſchickte ſie *Robert Millar*, ein Wundarzt, im Jahr 1735 hieher.

Beyde Arten laſſen ſich nur aus Saamen ziehen, und müſſen wie das bereits beſchriebene *Sinapiſtrum* gehalten werden.

TAB. XLVI.

Statice ſinuata: caule herbaceo, foliis radicalibus alternatim pinnato-ſinuatis: caulinis ternis triquetris ſubulatis decurrentibus. *Linn.* Syſt. Veg. n. 20. p. 301. Sp.Pl. T.II. n.14. p.397. var. β. Syſt.Pl. T.I. n.18. p.758. var. β. Limonium africanum caule alato, foliis integris hirſutis, petalo pallide flavo, calyce amoene purpureo. *Martyn.*

Caulem habet alatum, alis in folia deſinentibus, quae triangularia ſunt, gladii fere in modum. Folia autem inferiora duas uncias longa ſunt, ex anguſto principio in latitudinem ſemuncialem aucta, et in mucronem tandem deſinentia, utrinque hirſuta, integra. Flores in capitulum congeruntur; petalo donati pallide flavo, ex tubo longo in quinque ſegmenta expanſo; et calyce tubuloſo, integro, in ſumma parte ex caeruleo purpuraſcente, poſt petalon delapſum magnitudine aucto, et cyathum pulchre caeruleum vel ex caeruleo purpureum non male ſimulante.

Pro *Limonio peregrino*, *foliis Aſplenii C. Bauh.* noſtrates diu habuerunt; quapropter

XLVI. KUPFERTAFEL.

Ausgehöltes Wieſenkraut, mit krautartigem Stamme; ausgehölten oder in wechſelsweiſe ſtehende Querſtücke zertheilten Wurzelblättern, und zu drey beyſammen ſtehenden, dreyeckigten, pfriemenförmigen, herablaufenden Blättern. *Linné* Pflanzenſyſt. 6 Th. n. 18. p. 245.

Der Stamm iſt geflügelt, mit Flügeln, die ſich in Blättern, die, wie an einer Degenklinge, dreyſeitig ſind, verliehren. Die untern Blätter aber ſind zwey Zolle lang, breiten ſich von ihrer anfangs ſchmalen Baſis bis zur Breite eines halben Zolles aus, endigen ſich mit einer ſcharfen Spitze, ſind auf beyden Flächen zottigt, und ungetheilt. Die Blumen ſitzen kopfartig bey einander, und beſtehen aus einem bleichgelben Kronblate, das eine lange, in fünf Einſchnitte ſich ausbreitende, Röhre vorſtellt, und aus einem röhrichten ungetheilten Kelche, der an ſeiner oberſten Hälfte blau purpurröthlicht iſt, nach abgefallenem Kronblatte aber an Gröſſe zunimmt, und einen angenehm blauen, oder aus dem blauen ins purpurröthlichte fallenden Becher, nicht ſehr unähnlich vorſtellig macht.

Man hat dieſe Pflanze lange für das *ausländiſche Limonium mit Milzkraut-Blättern* des

pter folium illius plantae feorfim depingendum curavi: caeteris enim partibus valde inter fe fimiles funt.

Martio menfe in terra levi ferito. Cum plantae tres uncias altae fuerint, in vafa fictilia, terra levi repleta eas transferto, foli matutino exponito; et fi tempeftas ficca fuerit, frequenter irrigato. *Octobri* et inde per totam hyemem tecto ftercorato a gelu defendito; quotiescunque autem coelum permiferit, aeri exponito. Vere fequenti in vafa maiora transferto, et coelo liberiori iterum exponito. *Junio*, nifi aquam deneges, pulchre florent, et, coelo favente, femina ad maturitatem perducunt.

des C. Bauhins gehalten, weswegen ich auch ein Blat deffelben abfonderlich habe vorftellen laffen: denn in allen andern Theilen find beyde einander fehr ähnlich.

Sie wird im *März* in leichte Erde gefäet. Wenn die Pflanzen drey Zolle hoch herangewachfen, mufs man fie in mit leichter Erde angefüllte Blumentöpfe ver- und der Morgenfonne ausfetzen, auch fie bey trockener Witterung fleifsig begiefsen. Schon im *October* und von da an, den ganzen Winter hindurch, mufs man fie in einem Miftbeete vor der Kälte in Sicherheit zu fetzen fuchen, iedoch, fo oft es die Witterung erlaubt, ihnen den Zugang der freyen Luft verftatten. Im darauf folgenden Frühlinge verfetzt man fie in gröfsere Töpfe, und fetzt fie dann wieder der freyen Luft aus. Im *Junius*, wenn man fie fleifsig begoffen, werden fie ihre fchönen Blumen zeigen, und bey günftiger Witterung auch ihren Saamen zur Reife bringen.

TAB. XLVII.

Turnera ulmifolia: floribus feffilibus petiolaribus, foliis bafi biglandulofis. *Linn.* Syft. Veg. n. 1. p. 296. Sp. Pl. T. I. n. 1. p. 387. Syft. Pl. T. I. n. 1. p. 741. Turnera foliis ferratis, petiolis floriferis. Hort. Cliff. 112. tab. 10. Virid. Cliff. 20. *Roy.* lugdb. 434. *Mill.* Dict. n. 1. Turnera frutefcens ulmifolia. *Plum.* gen. 15. *Martyn.*

Caudice affurgit ramofo, ex fufco et cinereo colore vario; foliis veftito alternis, ad margines profunde incifis, fefquiunciam, aut duas uncias longis, unciam unam latis. Flores habet androgynos; apicibus nempe quinque aureis, ftaminibus latis compreffis infidentibus: et ovario fubrotundo, ftylo fimbriato triplici donato, conftantes. Has partes ambiunt petala quinque flava, ex interiore parte calycis orta, unde hunc florem monopetalum fuiffe exiftimavit *Plumierus.* Calyx autem ex pallide

XLVII. KUPFERTAFEL.

Ulmenblätterigte Turnere, mit ungeftielten, auf den Blatftielen fitzenden Blumen, und an der Bafis mit zwo Drüfen befetzten Blättern. *Linné* Pfl. Syft. 6 Th. n. 1. p. 211.

Diefe Pflanze geht mit einem äftigen, aus dem braunen und afchgrauen bunten Stamm in die Höhe, der mit abwechfelnden, am Rande tief eingefchnittenen, anderthalb oder zwey Zoll langen, und einen Zoll breiten Blättern befetzt ift. Die Blumen find Zwitter, die nehmlich aus fünf goldfärbigen Staubbeuteln, die auf breiten zufammengedrückten Trägern ruhen, und aus einem ziemlich runden Fruchtknoten, auf dem ein gefranzter dreyfacher Griffel ruht, beftehen. Diefe Theile umgeben fünf gelbe Kronblätter, die einwärts in dem Kelche feft fitzen, weswegen auch *Plumier* die Blume für einblätterigt gehalten hat. Der aus dem

de luteo virefcens, primo tubulofus eft, deinde in quinque fegmenta expanditur, fructu gaudet ovato, per maturitatem in tres partes dehifcente.

In Infula Martinico primus invenit *Plumierus.*

Turnera anguftifolia: floribus feffilibus petiolaribus, foliis lanceolatis rugofis acuminatis. *Mill.* Dict. n. 2. *Turnera ulmifolia. Linn.* var. β. Turnera frutefcens, folio longiore et mucronato. *Mill.* Dict. ed. pr. app. Ciftus urticae folio, flore luteo, vafculis trigonis. *Sloan.* Cat. lam. p. 86. Hift. lam. Vol. I. p. 202. tab. 127. fig. 4. 5. *Martyn.*

Folia huic quam in praecedente duplo longiora, minus autem lata, et flos magis apertus.

Via qua verfus locum *the Angels* dictum itur, nec non in collibus *the Red Hills* dictis copiofe crefcentem invenit Clariffimus *Sloaneus.*

Utramque fpeciem variis in locis invenit *Houftonus.*

Semina in pulvino ftercorato primo vere ferito. Cum duas uncias altae fuerint in vafa fictilia minora transferto, eaque in pulvinum cortice calentem demittito. Diligenter irrigato, atque a fole, donec coalefcant, defendito. Sub finem *Augufti* vel *Septembris* initium in hybernaculum cortice calens referto.

dem bleichgelben grünlichte Kelch ift anfangs röthlicht, breitet fich aber nachgehends in fünf Einfchnitte aus, und umfäfst die eyrunde Saamencapfel, die, wenn fie reif ift, fich mit drey Fächern öffnet.

Plumier entdeckte fie zuerft auf der Infel Martinik.

Schmalblätterichte Turnere, mit ungeftielten auf dem Blatftielen fitzenden Blumen, und runzlichten fcharf zugefpitzten Blättern. *Millers* Gärtnerlex. 4 Th. n. 2. p. 532.

Die Blätter find an diefer *Turnere* noch einmal fo lange, um defto fchmäler aber, als an der vorhergehenden, auch ift die Blume ungleich weiter geöffnet.

Sloane traf fie auf dem Weg nach *Angels,* fo wie auf den Hügeln *Red Hills* genannt, häufig genug an.

Beyde Arten hat *Houfton* auf verfchiedenen Plätzen wahrgenommen.

Man fäet die Saamen zu Anfange des Frühlings in ein Miftbeet. Wenn die Pflanzen zwey Zoll hoch geworden, verfetzt man fie in kleinere Blumentöpfe, und ftellt fie hernach in ein warmes Lohbeet. Sie müffen fleifsig begoffen, und fo lange, bis fie erftarkt find, im Schatten gehalten werden. Zu Ende des *Augufts,* oder zu Anfange des *Septembers,* müffen fie in das Lohhaus gebracht werden.

TAB. XLVIII.

Limodorum tuberoſum: floribus ſeſſilibus racemoſis alternis. *Linn.* Syſt. Veg. n. 1. p. 816. Sp. Pl. T. II. n. 1. p. 1345. Syſt. Pl. T. IV. n. 1. p. 32. *Roy.* lugdb. 16. *Gron.* virg. 138. Act. Vpſ. 1740. p. 21. *Mill.* Dict. et Ic. tab. 145. Helleborine americana, radice tuberoſa, foliis longis anguſtis, caule nudo, floribus ex rubro pallide purpuraſcentibus. *Martyn.*

Radix huic tuberoſa, alba; ex qua tria aut quatuor, nonnunquam plura, oriuntur folia ſeſquipedalia, villoſa, ſemunciam lata. Caulem etiam attollit fere tripedalem, nudum, floribus onuſtum verſus partem ſuperiorem, ſparſis, elegantiſſimis, odoratis. Flos autem androgynus eſt, et umbilicatus: ovario namque unciali inſidet ſtylus fornicatus, pallide luteus, qui floris labiati galeam mentitur; ſtamina tenuia, flaveſcentia, et petala ſex, nullo calyce munita. Horum unum quidem quadrifidum eſt, labio ſimile, alia autem duo carinae floris papilionacei in modum coeunt; reliqua vero tria expanduntur, et pro calyce forſan haberi poſſunt.

Hanc plantam a Providentia Americae Inſula, A. 1731 exſiccatam accepit *Petrus Collinſon*, plantarum cultor eximius. Ille autem de radice non deſperans, miſit eam ad hortum Clariſſimi *Wageri*, ubi pulvino cortice calenti per totam hyemem commiſſa convaluit, atque anno proximo flores ſuos oſtendebat.

Plantis radicis, *Maio* ineunte, foliis nondum emerſis in vaſis fictilibus terra levi repletis, recte ſeritur. Ipſa autem vaſa in pulvino cortice ſtercorato perpetuo ſervantur. Plantas aeſtivo tempore frequenter irrigato: per hyemem autem aquam parca manu, ne radices pereant, adhibeto. Flores

XLVIII. KUPFERTAFEL.

Knolliger Dingel, mit ungeſtielten traubenartig und abwechſelnd beyſammenſtehenden Blumen. *Linné* Pfl. Syſt. 11 Th. n. 1. p. 637.

Die Wurzel iſt knollicht, weiſs, und läſst drey, oder vier, zuweilen auch mehrere, anderthalb Schuh lange, zottige, und einen halben Zoll breite, Blätter hervorſchieſsen. Der aus ihr entſpringende Stamm iſt beynahe drey Schuh hoch, nackend, und mit gegen deſſen obere Hälfte zerſtreut ſitzenden, überaus ſchönen, wohlriechenden Blumen geſchmückt. Dieſe ſind zwitterartig, nabelförmig, beſtehen nehmlich aus einem Zoll langen Fruchtknoten, auf dem ein gewölbter, bleichgelber Griffel, der den Helm einer Lippenkrone vorſtellt, ruht, aus zarten gelblichten Staubfäden, und aus ſechs kelchloſen Kronblättern. Eines hievon iſt zwar vierſpaltig, und einer Lippe nicht unähnlich, die andern beyden ſind aber, wie der Kiel einer ſchmetterlingsförmigen Blume, einander genähert, die übrigen drey ſtehen von einander ab, und können für den Kelch gehalten werden.

Peter Collinſon, iener trefliche Gewächſefreund, erhielte dieſes Gewächs im Jahr 1731 aus der Providenz-Inſel in Amerika getrocknet, und da er ſich noch einiges Wachsthum von der Wurzel verſprach, überlieſs er ſie dem berühmten Botaniker *Wager*, in deſſen Garten ſie in einem warmen Lohbeet den ganzen Winter über gelaſſen, dann wieder aufkeimte, und das nächſte Jahr darauf ſchön geblühet hat.

Man kan ſie zu Anfang des *Maimonats* durch Wurzelableger, bevor ſie noch Blätter getrieben hat, in mit leichter Erde angefüllten Blumentöpfen ſicher vermehren. Dieſe müſſen aber beſtändig in einem Lohbeet gelaſſen werden. Die Pflanzen müſſen im Sommer fleiſsig, im Winter aber deſto ſparſamer,

res *Auguſto* menſe proveniunt, et ad hyemem uſque durant.

ſamer, damit die Wurzel nicht angegriffen werde, begoſſen werden. Im *Auguſt* werden ſich ſodann die Blumen zeigen, die bis in den Winter ſich erhalten werden.

TAB. XLIX.

Paſſiflora holoſericea: foliis trilobis baſi utrinque denticulo reflexo. *Linné* Syſt. Veg. n. 21. p. 823. Sp. Pl. T. II. n. 19. p. 1359. Syſt. Pl. T. IV. n. 20. p. 53. Amoen. Acad. I. p. 226. tab. 15.* *Mill.* Dict. n. 9. Paſſiflora foliis cordato-trilobis integerrimis, baſi utrinque denticulo reflexo. Hort. Cliff. 432. *Roy.* lugdb. 261. Granadilla folio haſtato holoſericeo, petalis candicantibus, fimbriis ex purpureo et luteo variis. *Martyn.*

Caule aſſurgit tereti, ſcandente, tomento albicante obſito, et foliis alternis veſtito. Cauda folii unciam unam longa eſt, et tuberculo, tanquam folii veſtigio, quod iam deciderat, utrinque donatur. Folium utrinque ſinuatum eſt, et lanugine molli Altheae in modum veſtitur: nervi tres maiores a cauda ad folii marginem tendunt, et ſpina molli, exigua terminantur; eiusmodi etiam duae iuxta baſin folii conſpiciuntur. Ex ſingulis foliorum alis capreolus, et bini flores proveniunt. Flos autem pediculo unciali inſidet, et ſeſcuncialem habet diametrum. Calyx in quinque ſegmenta dividitur, externe vireſcentia, interne ſere candida. Petala habet quinque candicantia, et ſimbrias incurvas, ſemunciales, primo purpureas, deinde flavas: ſupra has conſpiciuntur aliae dimidio breviores admodum tenues, purpureae, extremitatibus albis. Circa mediam floris partem corolla erigitur, flaveſcens, in ſummitate purpurea, non in plures partes diviſa, ſed per totum ambitum continua, et ventilabri, quo ornantur mulieres, in modum plicata. Ex centro floris aſſurgit columella pallide purpurea, ſtamina quinque gerens compreſſa,

XLIX. KUPFERTAFEL.

Sammtartige Paſſionsblume, mit dreylappigen Blättern, die an der Baſis zu beyden Seiten ein zurückgebogenes Zähnchen haben. *Linné* Pflanzenſyſt. 4 Th. n. 20. p. 464.

Der Stamm iſt rund, kletternd, mit einem weiſslichten Filze überzogen, und mit abwechſelnden Blättern beſetzt. Der Blatſtiel iſt einen Zoll lange, und auf beyden Seiten mit einem Höckerchen, gleich dem Ueberreſte eines bereits abgefallenen Blates, verſehen. Die Blätter ſind auf beyden Seiten buchtenartig ausgeſchnitten, und mit einer ſeidenartigen Wolle, wie an dem Eibiſch, überzogen: auf derſelben gehen drey Nerven von dem Stiel bis an den Rand des Blates, und verliehren ſich daſelbſt mit einem unſchädlichen, kleinen Stachel; auch an der Baſis der Blätter werden deren noch zwey ähnliche bemerkt. In iedem einzelnen Blatwinkel ſitzt eine Gabel und zwey Blumen. Die Blume ſteht auf einem Zoll langen Stiel, und hat einen anderthalben Zoll breiten Durchmeſſer. Der Kelch theilt ſich in fünf Einſchnitte, die auswärts grünlicht, innwärts aber weiſs ſind. Die fünf Kronblätter ſind weiſslicht, an welchen halb Zoll lange, einwärts gekrümmte, anfangs purpurrothe, dann gelbe Franzen ſitzen, über welchen noch andere, um die Hälfte kürzere, überaus ſchmale, purpurröthlichte, mit weiſsen Endſpitzen gezeichnete, befindlich ſind. Aus dem Mittelpunkte der Blume, erhebt ſich eine gelblichte, auf ihrer Spitze purpurröthlichte Krone,

pressa, viridia, et apices totidem latos, flavos. Horum in medio sedet ovarium, stylo triplici ornatum, cuius partes singulae fibula terminantur.

Krone, die sich nicht in mehrere Theile spaltet, sondern rings um ihren ganzen Umkreise aus einem einzigen Stück bestehet, und nach Art eines Frauenzimmer-Fächers gefalten ist. Aus diesem Mittelpunkte der Blume tritt eine bleich purpurrothe Säule hervor, die fünf zusammengedrückte, grüne Staubfäden, und eben so viele breite, gelbe Staubbeutel unterstützt. In der Mitte derselben sitzt der Fruchtknoten, der einen dreyfachen Griffel unterstützt, dessen sämmtliche Endungen mit Narben gekrönt sind.

Semina huius plantae ex Vera Cruce ad hortum Chelseianum misit *Houstonus*.

Die Saamen dieser Passionsblume sandte *Houston* aus Vera Crux, in dem Garten zu Chelsea.

Semina pulvino stercorato vere primo committito. Plantas autem in vasa fictilia terra levi repleta, et in pulvinum cortice calentem demissa, transferto. Fenestras sub meridiem, donec plantae coalescant, stramentis tegito. Deinde frequenter irrigato, et aeri tepido eas frequenter offerto. Cum eo usque adoleverint, ut tectum pulvini tangant, in vasa fictilia maiora eas transferto, atque in pulvinum hypocausti demittito. Caules, si vallo eos sustineas, ad viginti pedum altitudinem assurgent, et flores copiose proferent.

Die Saamen werden zu Anfange des Frühlings in ein Mistbeet gesäet, die Pflanzen aber, wenn sie bevor in mit leichter Erde angefüllte Blumentöpfe versetzt worden, in ein warmes Lohbeet gebracht. Um die Mittagszeit müssen die Fenster, bis die Pflanzen erstarket sind, mit Stroh bedecket werden. Auch müssen sie fleissig begossen, und öfters an die warme Luft gebracht werden. Wenn sie nun so weit herangewachsen, dass sie die Decke des Lohbeetes erreicht haben, versetzt man sie wiederum in grössere Blumentöpfe, und stellt diese nachgehends in das Beet des Glashauses. Wenn man den Stämmen Stangen giebt, so steigen sie bis zu zwanzig Schuh in die Höhe, und blühen sehr stark.

Propagatur etiam ramo in corticem, aestu molliore, depresso, et post trimestre spatium amputato flexu, plantaque in vas fictile translata.

Es läst sich diese Passionsblume durch einen in nicht allzu heisse Lohe eingelegten Zweig vermehren, den man nach dreyen Monaten abschneiden, die Pflanze aber in einen Blumentopf versetzen muss.

TAB. L.

Paſſiflora Veſpertilio: foliis bilobis baſi rotundatis glanduloſisque: lobis acutis divaricatis, ſubtus punctatis. *Linn.* Syſt. Veg. n. 14. p. 822. Sp. Pl. T. II. n. 13. p. 1357. Syſt. Pl. T. IV. n. 13. p. 50. *Amoen.* acad. I. p. 223. ſ. 11.* *Mill.* Dict. n. 11. Paſſiflora foliis obverſe lunatis: punctis duobus melliferis ſub baſi. Hort. Cliff. 431. Virid. Cliff. 91. *Roy.* lugdb. 260. Granadilla bicornis, flore candido: filamentis intortis. *Dill.* Elth. 164. tab. 137. fig. 164. Granadilla folio lunato, flore parvo albo, fructu ſucculento ovato. *Houſton.* Cat. MSS. *Martyn.*

Caule aſſurgit ſcandente ſulcato, et quaſi anguloſo; foliis alternis veſtito, caudis ſemuncialibus appenſis. Folia ſingulari quidem modo, lunae creſcentis, vel ſoleae equinae in modum ſinuantur. In ſingulis foliis nervi tres ramoſi conſpiciuntur, quorum medius recte a cauda ad medium folii extremitatem, duo ab eodem centro ad extremitates laterales tendunt. Inter nervum medium, et utrumque lateralem quinque aut ſex maculae, ſeu potius foveae ſe oſtendunt, quarum pars concava in ſuperficie folii inferiore cernitur, ordine nervo laterali fere parallelo. Singuli autem nervi ſpinula molli terminantur. Ex foliorum alis capreolus et bini plerumque prodeunt flores, pediculis uncialibus inſidentes. Flores ſeſcuncialem habent diametrum, androgyni, ovario quippe conſtantes, ſtylo triplici ornato, cuius partes ſingulae fibula clauduntur; et columella alba, ſtamina quinque alba ſuſtinente, cum apicibus flavis. Corollam habent viridem, in ſummitate albam, ventilabri in modum plicatam; et fimbrias incurvas, primo virides, deinde flavas erectas. Has partes petala quinque alba ambiunt; haec autem calyce quinquepartito, externe vireſcente, interne fere candido veſtiuntur.

« Odo-

L. KUPFERTAFEL.

Die Fledermaus. Die mondförmige Paſſionsblume, mit zweylappigen, an der Baſis rundlichten und drüſichten Blättern, deren Lappen ſpitzig aus einander geſperrt, und unten getüpfelt ſind. *Linné* Pfl. Syſt. 4 Th. n. 13. p. 458.

Der kletternde, gefurchte, und gleichſam eckigte Stamm, iſt mit abwechſelnd ſtehenden, mit halb Zoll langen Stielen verſehenen Blättern beſetzt. Dieſe ſind auf eine ſehr ſonderbare Art, einen halben Mond, oder einem Hufeiſen gleich, ausgeſchweift. Auf iedem einzelnen ſind drey Nerven befindlich, wovon der mittlere gerade von dem Stiel an bis zu dem Ende des Blates läuft, die beyden andern aber von dem nehmlichen Mittelpunkte, bis zu den Seitenendungen hin ſich erſtrecken. Zwiſchen den mittlern Nerven, und zwiſchen den beyden Seitennerven, zeigen ſich fünf oder ſechs Flecken, oder vielmehr Grübchen, deren hohle Fläche ſich auf der untern Seite des Blates wahrnehmen läſst, und die mit dem mittlern Nerven in parallel laufender Reihe liegen. Jeder dieſer Nerven aber verliehrt ſich mit einem unſchädlichen Stachel. Aus den Blatwinkeln entſpringen eine Gabel, und, gröſstentheils, zwey Blumen, die auf Zoll langen Stielen ſitzen. Dieſe halten im Durchmeſſer anderthalb Zolle, ſind zwitterartig, beſtehen nehmlich aus einem Fruchtknoten, auf dem ein dreyfacher Griffel ruht, deſſen ſämmtliche Spitzen mit Narben gekrönt ſind; und aus einer kleinen weiſsen Säule, die fünf weiſse Staubfäden, ſamt ihren gelben

Staub-

Staubbeuteln unterſtützt. Ihre Krone iſt grün, auf der Spitze weiſs, und nach Art eines Frauenzimmer Fächers geſalten; die Franzen ſind einwärts gekrümmt, anfangs grün, nachgehends gelb, und ſtehen aufrecht gerichtet in die Höhe. Dieſe Theile umgeben fünf weiſse Kronblätter, welche von einem fünftheiligen, auswärts grünlichten, einwärts aber ziemlich weiſsem Kelche umſchloſſen gehalten werden.

« Odorem nullum et vix ſaporem in « radice deprehendi, ſed poſt fructus per- « fectionem evulſi. » *Houſton.*

« Ich konnte weder Geruch noch Ge- « ſchmack an der Wurzel entdecken, ver- « muthlich, weil ich ſie nach bereits ſchon « reif gewordener Frucht herausgenommen « habe. » *Houſton.*

Ab eodem loco miſit *Houſtonus;* eodem etiam cum praecedente modo haec planta colitur.

Houſton ſandte dieſe Paſſionsblume aus der nehmlichen Gegend mit der vorigen, die auch die nehmliche Pflege erfordert.

Hanc plantam *Coanenepilli* ſeu *Contrayervae* nomine deſcripſiſſe videtur *Hernandez. Contrayervam* autem, qua medici utuntur, longe aliam eſſe plantam abunde demonſtravit *Houſtonus* noſter, in *Actis Philoſophicis Londinenſibus.* In figura autem quam *Hernandez* exhibuit, nervi ſoliorum, et ſovearum diſpoſitio, quas *clavos* ille vocat, male exprimuntur. Folium etiam magis profunde, quam in planta apud nos creſcente, dividitur: quod tamen cum planta, quam ab ipſo ſiccatam mecum communicavit *Houſtonus,* magis convenit.

Wahrſcheinlich hat *Hernandez* dieſe Pflanze unter dem Namen *Coanenepilli* oder *Contrayerva* verſtanden. Allein *Houſton* bewieſs in den *Londonſchen Philoſophiſchen Transactionen* augenſcheinlich, daſs die *Contrayerva* der Aerzte ein ganz anders, von dieſer verſchiedenes, Gewächſe ſeye. Auch in der Abbildung, welche *Hernandez* von ihr mitgetheilt, nehmen ſich die Blatnerven, und die Lage der Grübchen, die er *Nägel* nennt, nicht richtig genug aus. Zudem ſind auch die Blätter an ſelbiger tiefer, als an unſerer Pflanze, geſpalten, welcher Umſtand iedoch, bey einem mir von *Houſton* mitgetheilten getrockneten Exemplar, ſo ziemlich zutrift.

Figura *Ferri equini volubilis* quam *Muntingius* exhibuit, in libro belgice ſcripto, a figura *Hernandeziana* mutuata fuiſſe omnino videtur. Idem etiam hanc plantam *Contrayervam* ab Hiſpanis

Jene Zeichnung, welche *Munting* in ſeinem Werke von der *Hufeiſenwinde* angegeben, ſcheint ganz von der *Hernandez*ſchen Figur entlehnt zu ſeyn. Eben derſelbe bezeugt, daſs dieſes Gewächs von

nis vocari afferit. Omnes autem plantas alexipharmacas *Contrayerva* fua lingua Hifpani vocare folent.

von den Spaniern *Contrayerva* genennt werde. Aber die Spanier pflegen alle dem Gifte widerftehende Gewächfe, mit dem Namen *Contrayerva* zu belegen.

ERRATA.

Pag. 61. lin. 11. lege *Milleria* l. Martynia.

—— 61. lin. 28. lege *Milleria quinqueflora* l. Milleria quinquefolia.

—— 61. lin. 36. lege *Fünfblumigte Millerie* l. Fünfblätterichte Millerie.

INDEX
IN MARTYNI DECADES PLANTARVM RARIORVM.

Crota-

Jalapa Officinarum.
Tab. I.

Geranium Africanum, arborescens, Malvae folio, lucido,
flore elegantiſsimo, kermesino, Divan Leur, Boer.
I. D. Meyer fecit a . . . Norimbergæ.

Tab. III.
Geranium Chium, vernum, folio
Caryophyllatae Tourn.
J. D. Meyer fec a Norimb.

Brunella Caroliniana, mago flore dilute coeruleo, internodiis praelongis Rand. Tab. IV.

Amaranthus Sinensis foliis variis, panicula eleganter plumosa. Tab. V.

Amaranthus ſpica albescente habitiore.　　Tab. VI.

J. D. Meyer fec. a Norimbergæ.

Parietaria Orientalis, Polygoni folio, canescente Tourn. Tab. VII.

I. D. Meyer fec. a Norimbergæ.

Tab. VIII.

Niruri Barbadense,
folio ovali ſuperne, glauco, pediculis florum breviſſimis Rand.

J. D. Meyer fecit a Norimbergæ.

Lychnidea Caroliniana
Floribus quasi umbellatim dispositis; foliis lucidis, crassis, acutis.

Tab. IX.

. I. D. Meyer fec a Norimb.

Joh. Dan. Meyer fec a Norimb.

Tab. XI.

Virga aurea Marilandica, spicis florum racemoſis, foliis integris, ſcabris.

Virga aurea altissima, serotina, panicula speciosa, patula Rand. Tab. XII.
J. D. Meyer fec.

Geranium Africanum, arboreſcens, Malvae folio mucronato, petalis florum inferioribus vix conspicuis Rand. Tab. XIII.

Tab. XIV.

Geranium folio Alceae tenuiter laciniato, flore pentapetalo, purpurascente, semine tenui Boer.

J. D. Meyer fc.

Tithymalus Creticus, Characias, angustifolius villosus, et incanus Tourn. Coroll. I.

Tab. XV.

Tab. XVI.

Cassida Orientalis, Chamaedryos, folio, flore luteo Tourn.

Tab. XVII.

Aster Virginianus, pyramidatus, Hyssopi foliis, asperis, calycis squamulis foliaceis Rand.

I. D. Meyer fec.

Tab. XVIII.

Corona Solis Caroliniana parvis floribus, folio trinervi, amplo, aspero, pediculo alato Rand.

Caſsia Bahamenſis pinnis foliorum mucronatis, anguſtis, calyce floris non reflexo. Tab. XIX.

Tab. XX.

Caſsia Barbadenſis pinnis foliorum mucronatis, calyce floris non reflexo.

Caſsia Marilandica pinnis foliorum oblongis, calyce floris reflexo. Tab. XXI.

Cotyledon Africana, frutescens; foliis asperis, angustis acuminatis; flore virescente.

Tab. XXII.

J. D. Meyer fec.

Sinapistrum Zeylanicum, triphyllum et pentaphyllum, viscosum, flore flavo Boer. Tab. XXIII.

Bidens Caroliniana, florum radiis latissimis, insigniter dentatis; semine alato, per maturitatem convoluto Rand. Tab. XXIV.

Narciſsus totus albus latifolius polyanthos major odoratus ſtaminibus ſex e tubi ampli margine extantibus Sloane. Tab. XXV.

Geranium Africanum, arborescens, Ibisci folio, anguloso, floribus amplis, purpureis Rand.

Tab. XXVI.

Abutilon Americanum, fructu subrotundo, pendulo, e capsulis vesicariis crispis conflato Rand. Tab. XXVII.

Tab. XXVIII.

Ficoides Afra, folio triangulari, ensiformi, crasso, brevi, ad margines laterales multis majoribusque, spinis aculeato, flore aureo, ex calyce longissimo Boer.

Tab. XXIX.

J. D. Meyer fc.

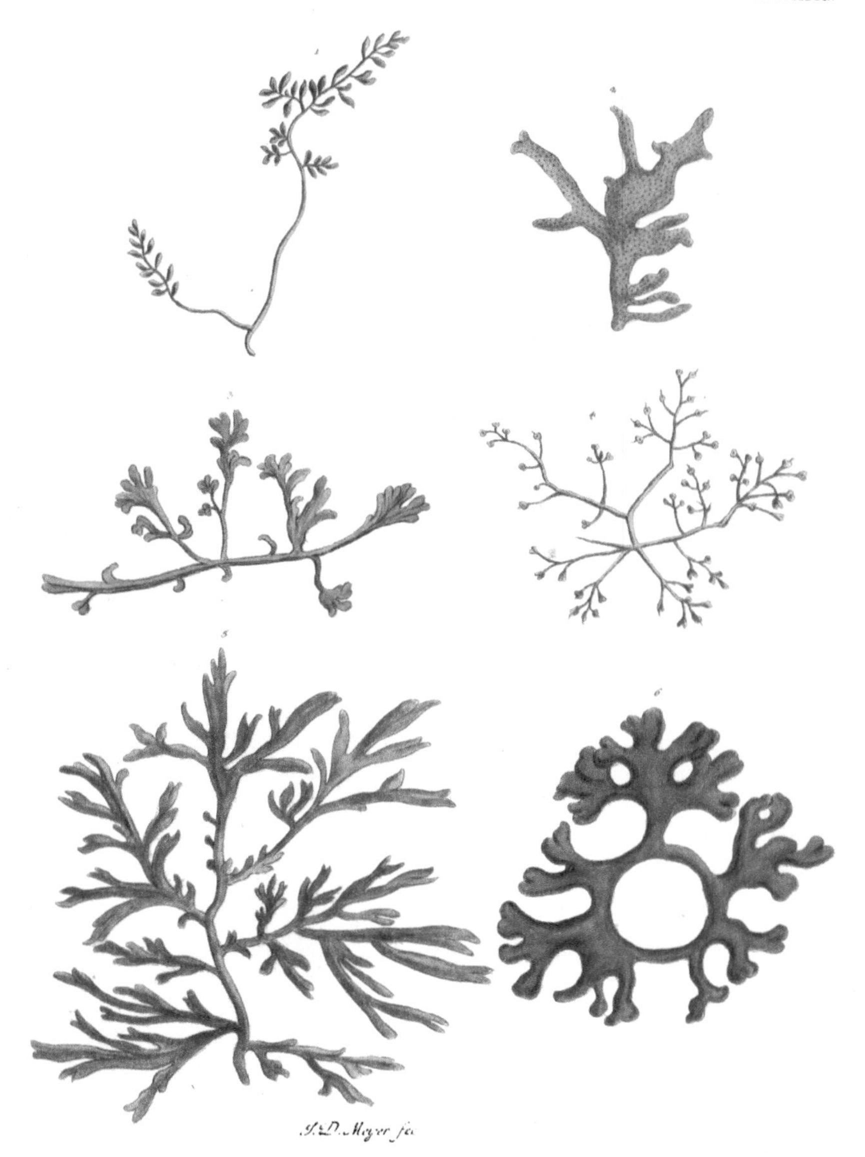

J. D. Meyer fec.

Abutilon Americanum; Flore albido; Fructu e capsulis vesicariis, planis, conflato; Pediculo geniculato. Tab. XXXI.

J. D. Meyer fc.

Abutilon Carolinianum, reptans, Alceae foliis, gilvo flore Rand. Tab. XXXII.

Linaria caerulea foliis brevioribus et angustioribus Raii. Tab. XXXIII.

Linaria Hispanica, procumbens; foliis uncialibus, glaucis; flore flavescente, pulchrè striato, labiis nigro purpureis Rand.

Tab. XXXIV.

Granadilla Americana, folio oblongo, leviter ferrato: petalis ex viridi rubeſcentibus.

Tab. XXXV.

Granadilla Americana; Fructu subrotundo; corolla Floris erecta, petalis amoene fulvis: Foliis integris.

Ricinoides paluſtre, foliis oblongis ſerratis; fructu hiſpido Houſtoun. Tab. XXXVI.

Maranta arundinacea, Cannacori folio Plum. Tab. XXXVII.

Gronovia scandens, lappacea, pampinea fronde. Houstoun. Tab. XXXVIII.

Milleria annua, erecta, foliis conjugatis, floribus spicatis luteis Houstoun. Tab. XXXIX.

Tab. XL.

Martynia annua, villosa et viscosa; folio subrotundo, flore magno, rubro Houstoun.

Tab. XLI.
Crotalaria Americana, caule alato, foliis pilosis, floribus in thyrso luteis.

Anonis Caroliniana, perennis, non spinosa; foliorum marginibus integris; floribus in thyrso candidis.

Tab. XLII.

Tab. XLIII.

Sinapiſtrum Indicum, ſpinoſum, flore carneo, folio trifido vel quinquefido Houſtoun.

Tab. XLIV.

Ricinoides herbaceum, foliis trifidis vel quinquefidis et serratis Houstoun.

Milleria annua, erecta, minor, foliis Parietariae; floribus ex foliorum alis Houstoun.

Milleria annua, erecta, ramosior, foliis maculatis, profundius serratis.

Limonium Africanum, caule alato, foliis integris, hirsutis; petalo pallide flavo; calyce amoene purpureo.

Tab. XLVI.

Limonium peregrinum, foliis Asplenii C.B.

Turnera frutescens, folio longiore et mucronato Miller.

Tab. XLVII.

Helleborine Americana, radice tuberosa, foliis longis, angustis, caule nudo,
floribus ex rubro pallide purpurascentibus.
Tab. XLVIII.

Granadilla folio hastato, holosericeo, petalis candicantibus, fimbriis ex purpureo et luteo variis.
Tab. XLIX.

Granadilla folio lunato; flore parvo, albo; fructu succulento, ovato Houstoun.

ICONES PLANTARUM

SPONTÈ

CHINÂ

NASCENTIUM;

È BIBLIOTHECÂ BRAAMIANÂ

EXCERPTÆ.

LONDON:

J. H. BOHTE,

FOREIGN BOOKSELLER TO HIS MAJESTY.

MDCCCXXI.

ICONES Plantarum è quibus Tabulæ sequentes excerptæ sunt, olim in Chinâ celeberrimo VAN BRAAM summâ curâ collectæ, nunc in Bibliothecâ artium fautoris eximii GULIELMI CATTLEY *Armigeri* reponuntur. Editoris, quondam, mens fuit ut de uniuscujusque historiâ disseruisset; sed varii intervenêre casus qui, non dicit morati sunt, sed ferè operis ipsius editionem prævertêrunt. Propositi, igitur, sui partem istam rejicere coactus, nunc opus, quale est, potius ad artem Chinensem pictoriam illustrandam, quàm Botanices scientiam, publici juris fecit. Opus tamen, quippe quia plantarum rarissimarum quarundam figuras exhibet, scilicet, BAUHINIÆ speciei novæ pentandræ, ROSARUM MICROCARPÆ, et INVOLUCRATÆ, ORCHIDEÆ characteribus quàm maximè paradoxicis, etc., ad hujus incrementum aliquid attulisse in optimâ spe ponit.

Dabat LONDINI,
Die 10ma. *Februarii*, 1821.

CHBK

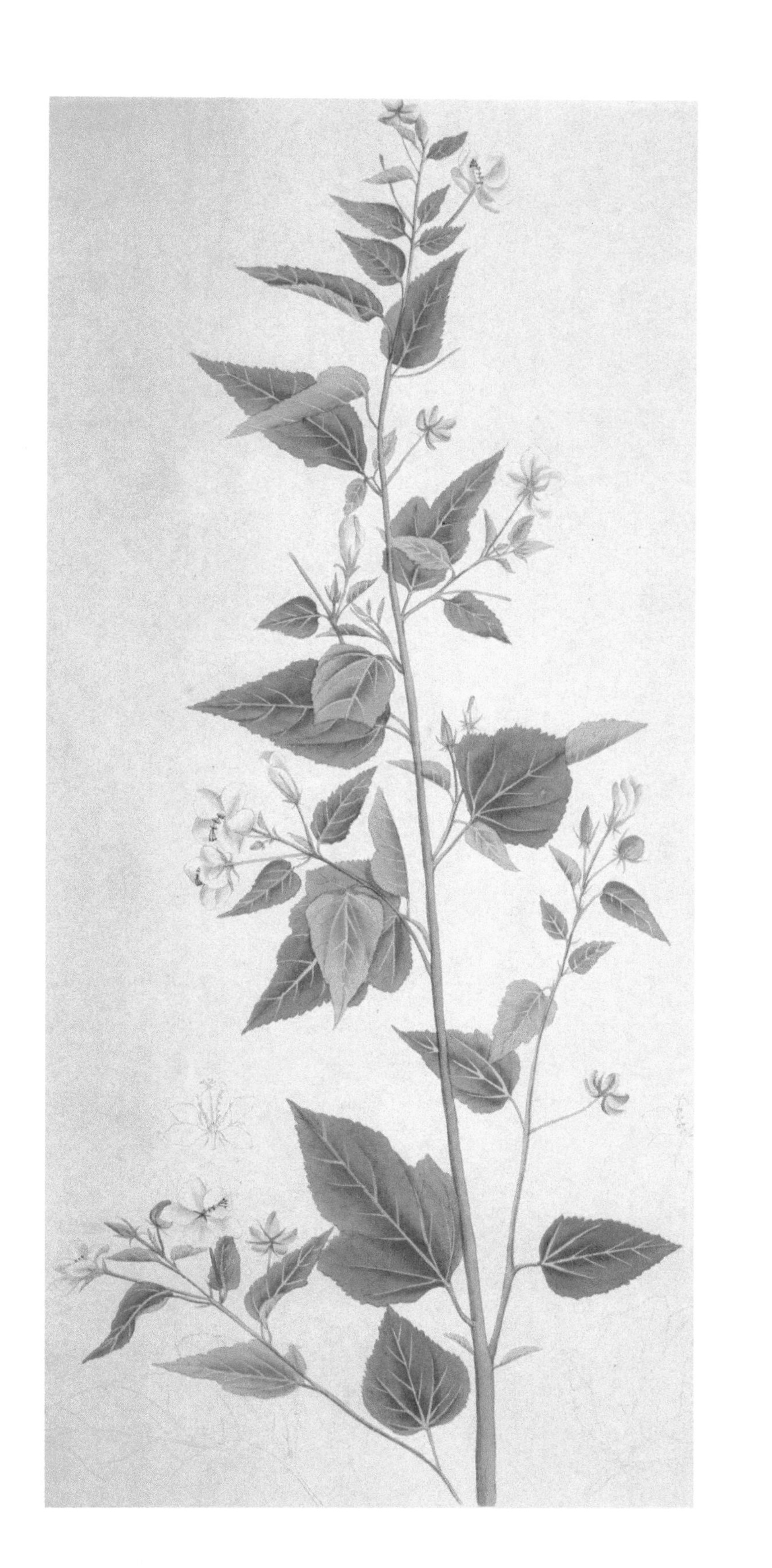

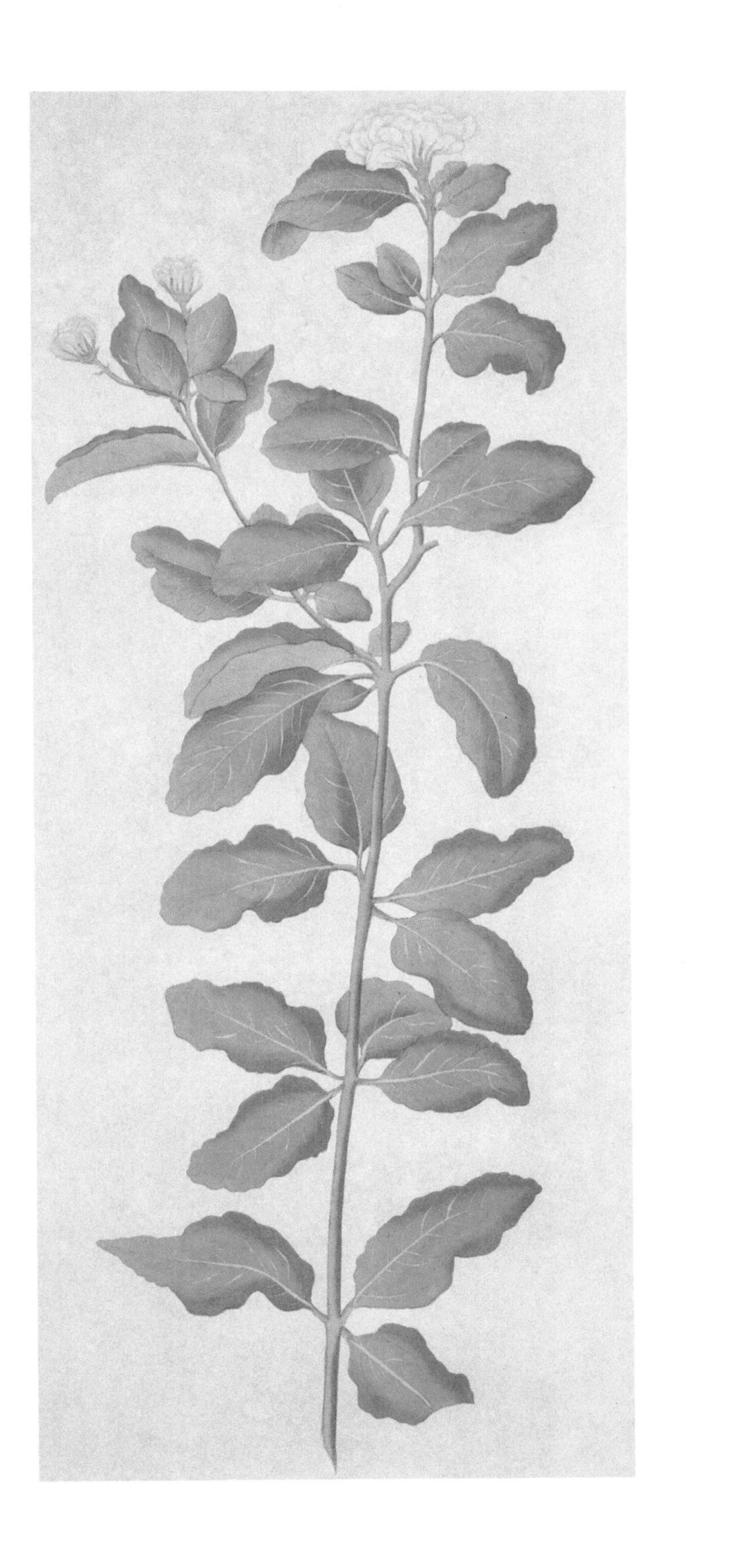

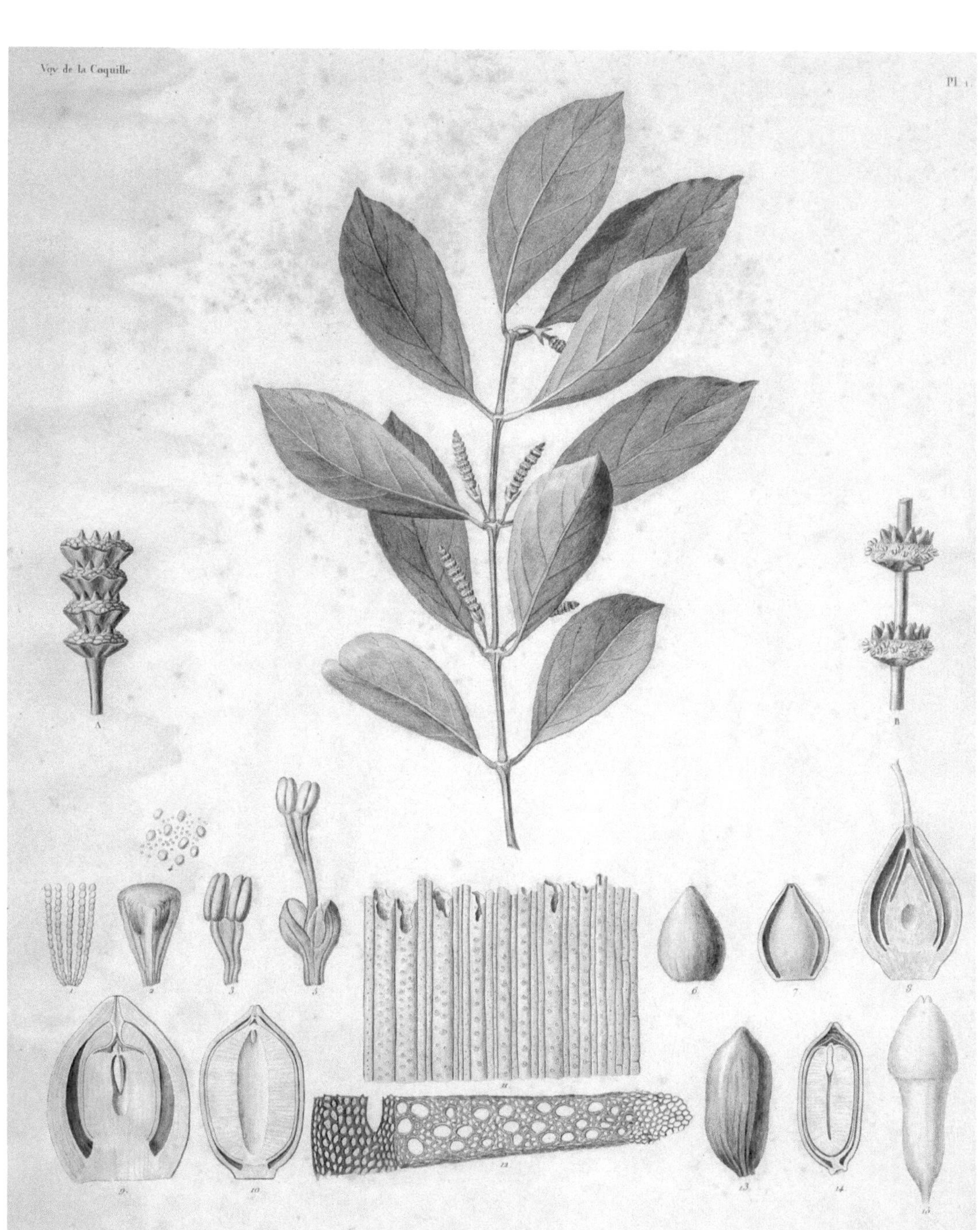
Voy. de la Coquille
Pl. 1.
A
B
1
2
3
5
6
7
8
9
10
11
12
13
14
15
Gnetum Gnemon
Bessa pinx.
De l'Imp.ie de Rémond
Barrois sculp.

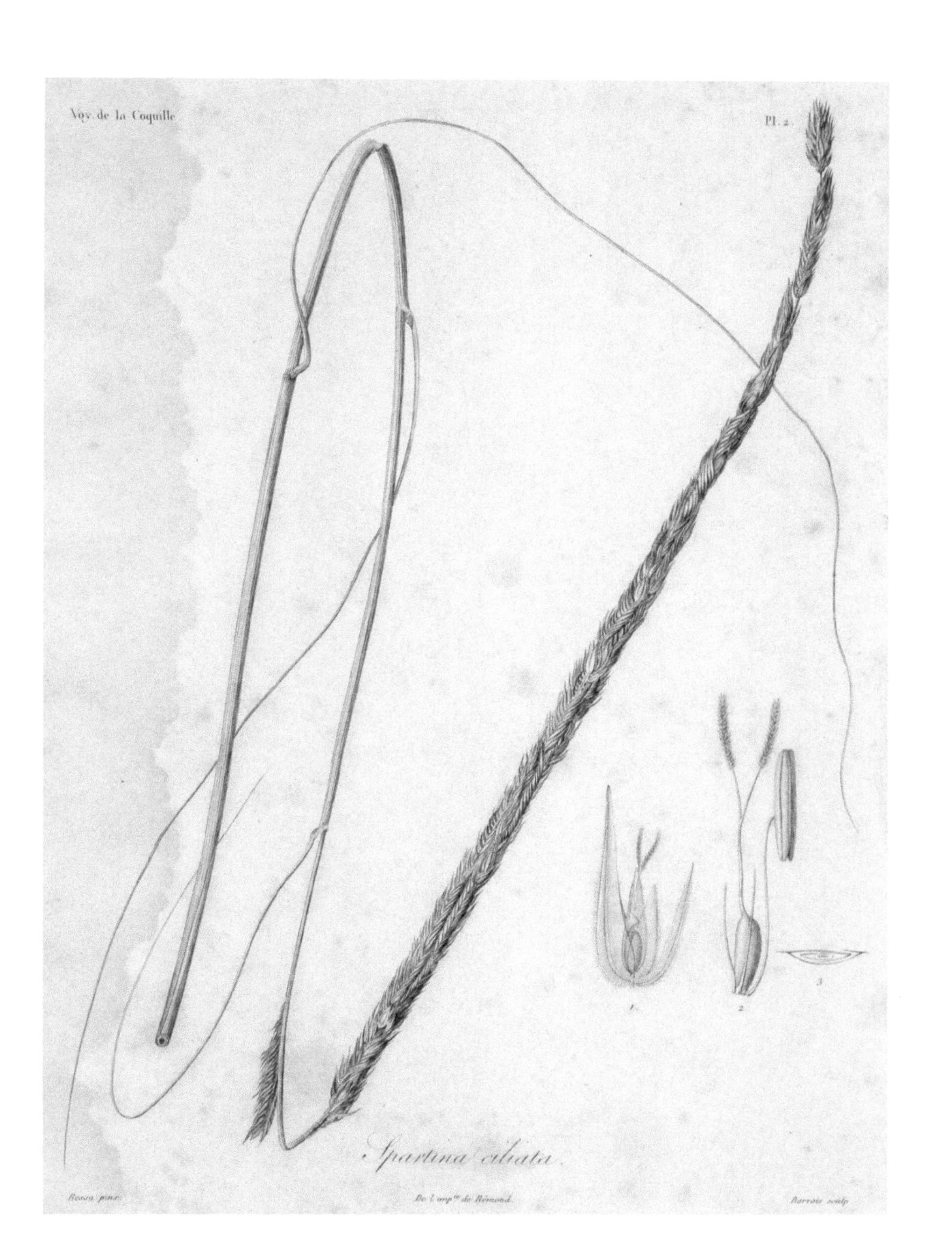

Spartina ciliata.

Eriachne squarrosa.

Bessa pinx. De l'Impie de Rémond. Barrois sculp.

Voy. de la Coquille.
Pl. 4.
1
2
3
4
5
Sporobolus durus
Bessa pinx.
De l'imp.ie de Rémond.
Barrois sculp.

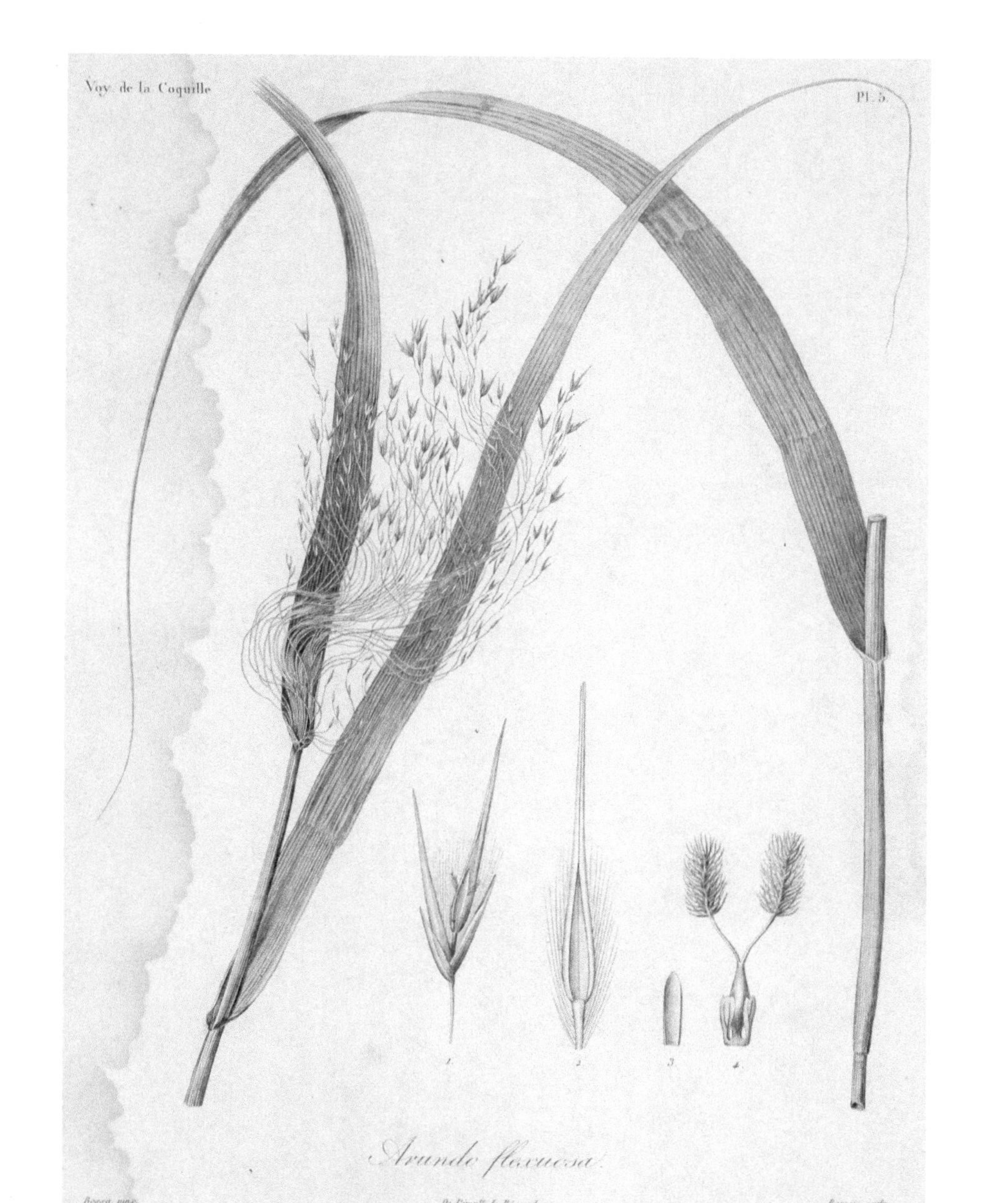

Arundo flexuosa.

Voy. de la Coquille
Pl. 6.
Ampelodesmos australis

Festuca erecta.

Voy. de la Coquille.
Pl. 8.
1.
2.
3.
4.
5.
6.
7.
8.
Lophatherum gracile.
Barrois sculp.

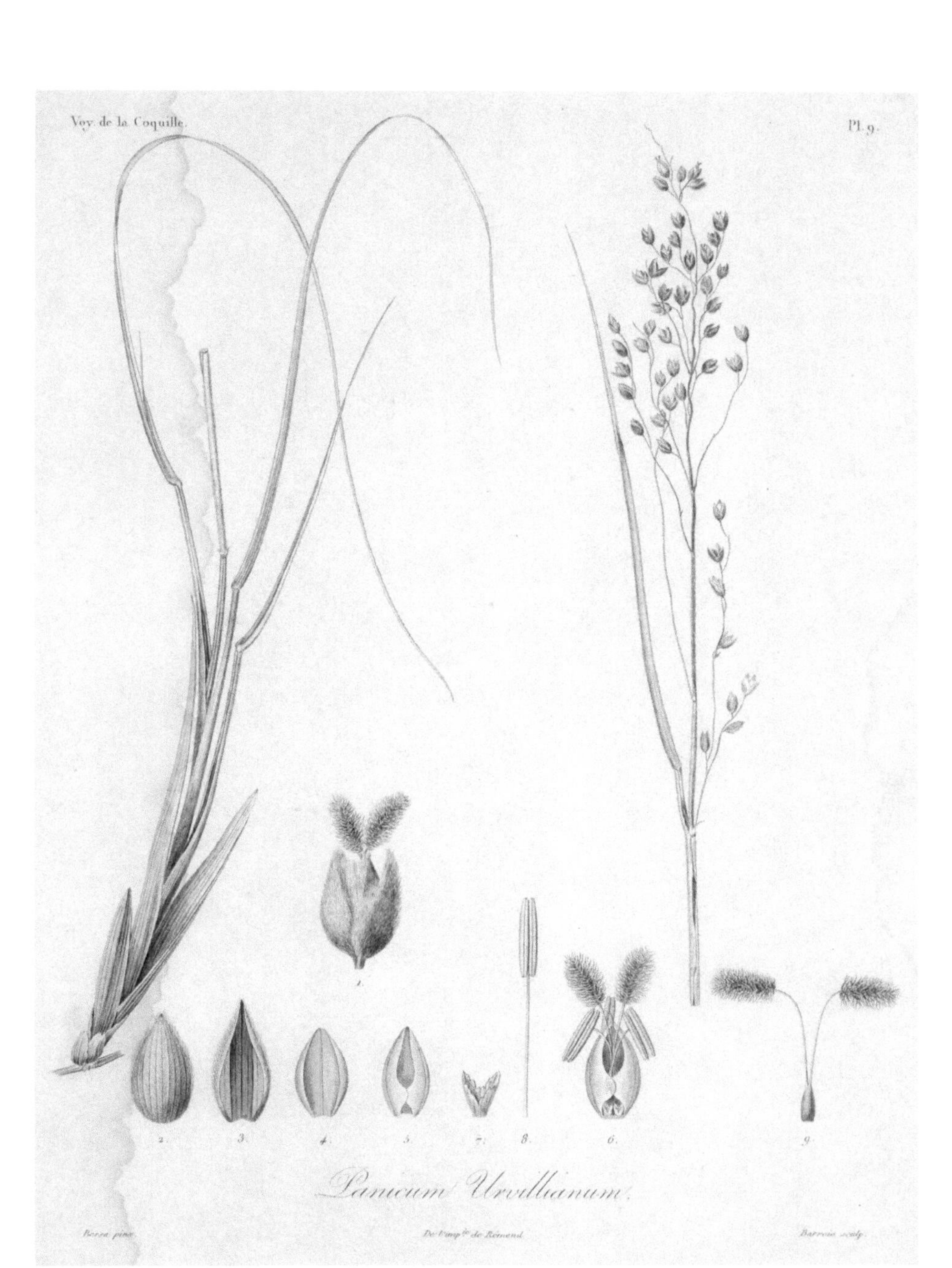

Panicum Urvillianum.

Voy. de la Coquille.
Pl. 10.
1.
2
3.
4
5.
6.
7.
8.
9
10.
Gymnotrix compressa.
Bessa pinx.
De l'imp.rie de Rémond.
Pedretti sculp.

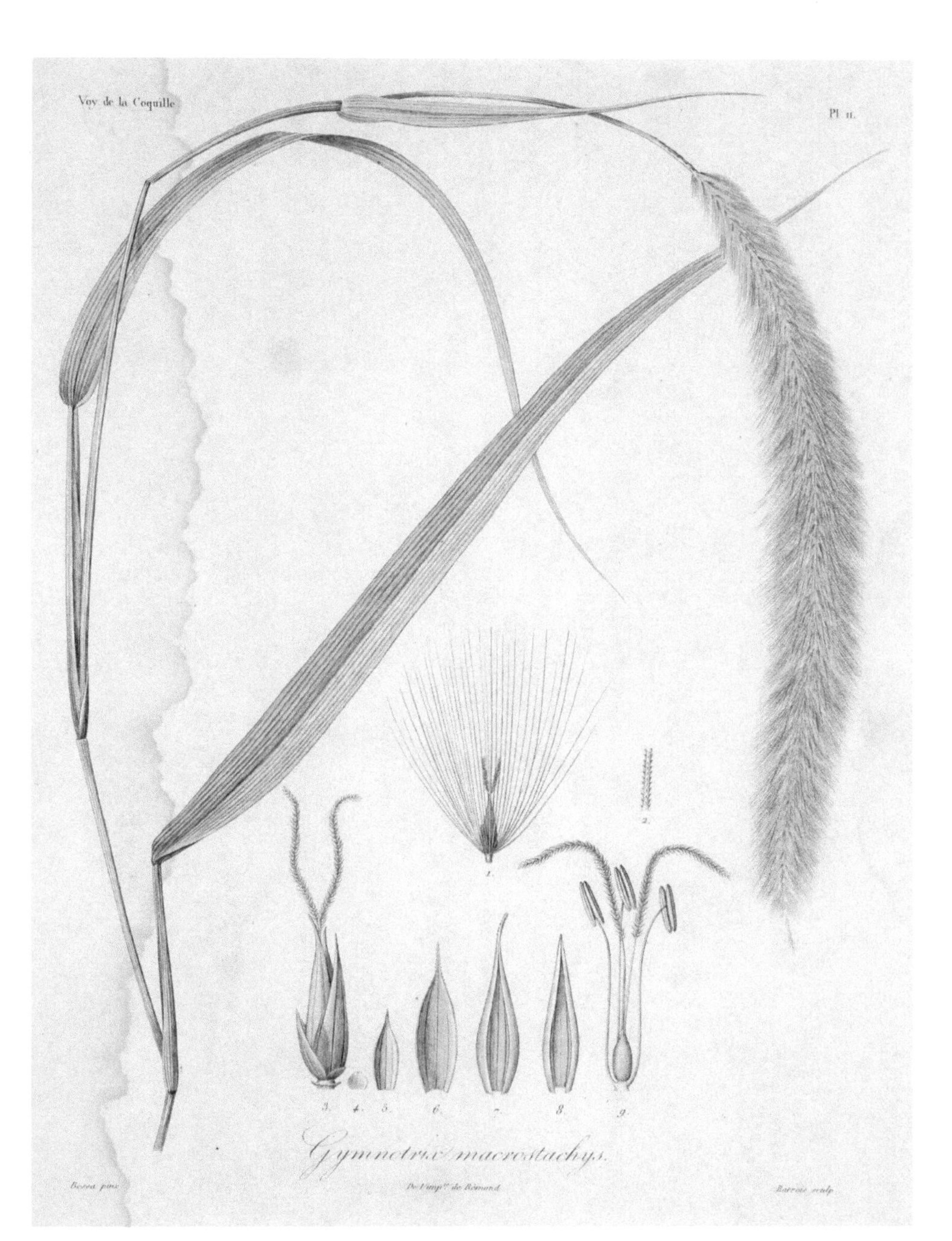

Gymnetrix macrostachys.

Ischæmum Urvillianum.

Bessa pinx. De l'Impr.ie de Rémond. Barrois sculp.

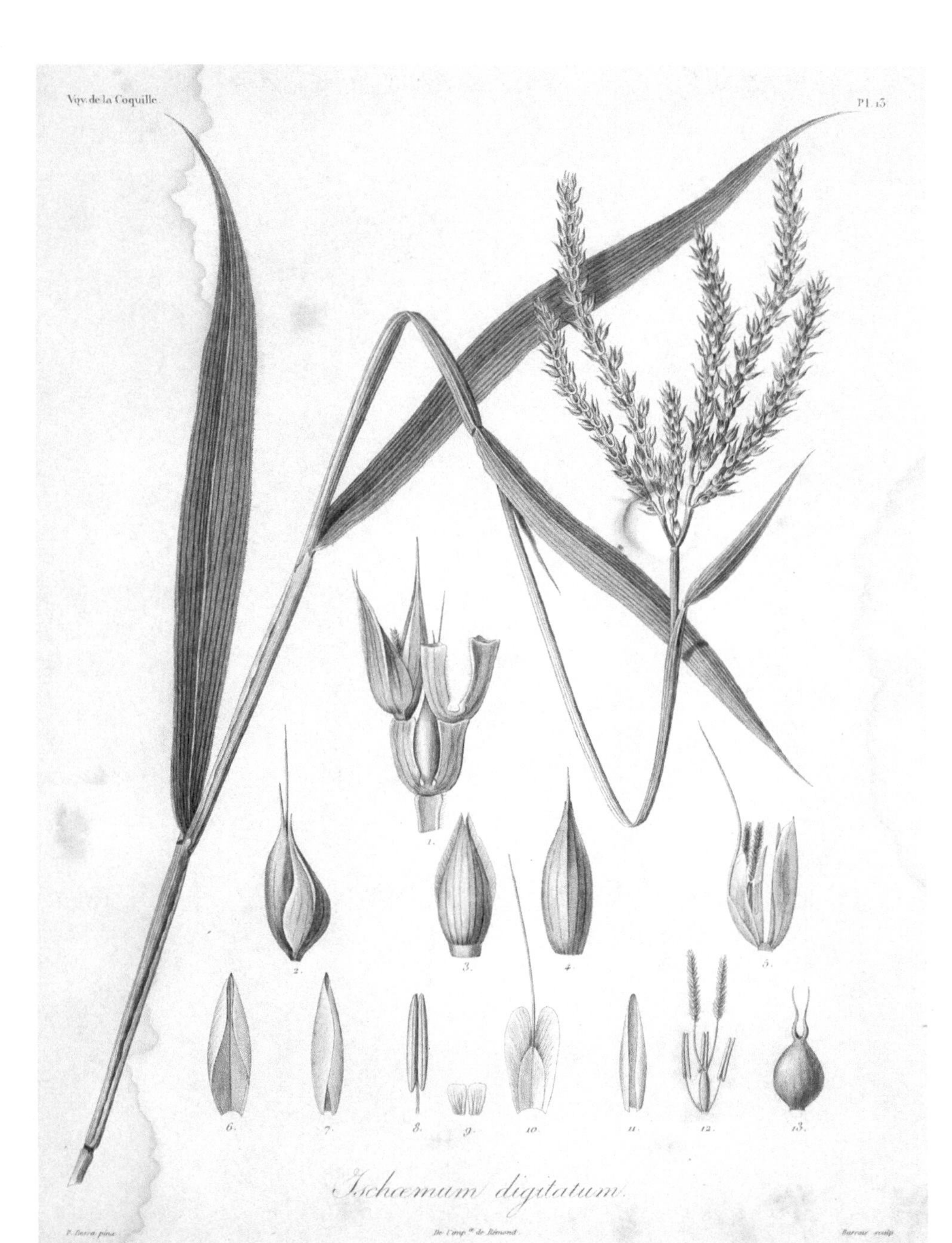

Ischæmum digitatum.

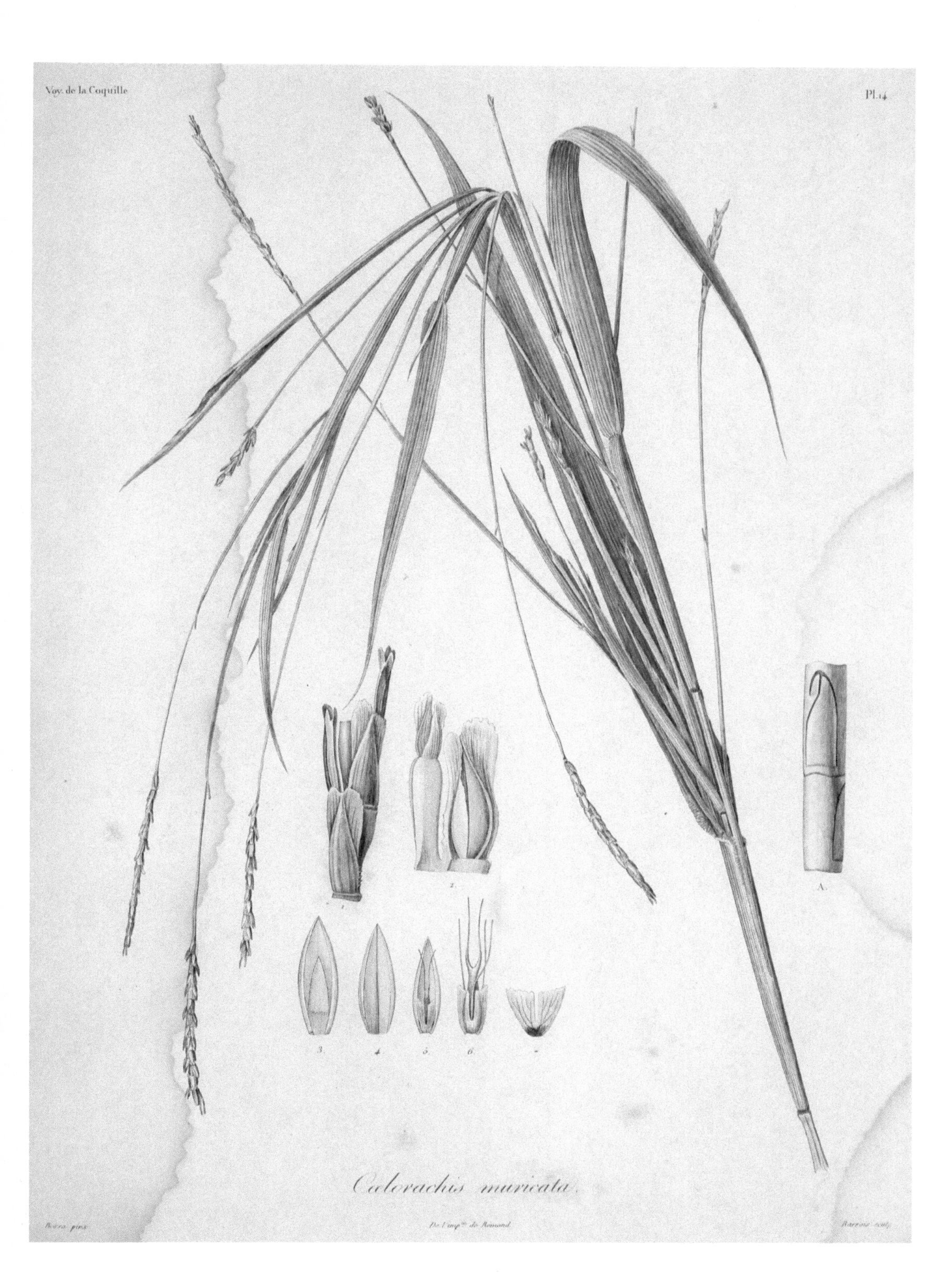
Voy. de la Coquille
Pl. 14
1.
2.
A.
3.
4.
5.
6.
Coelorachis muricata.
De l'imp^ie de Rémond

Hemarthria uncinata.

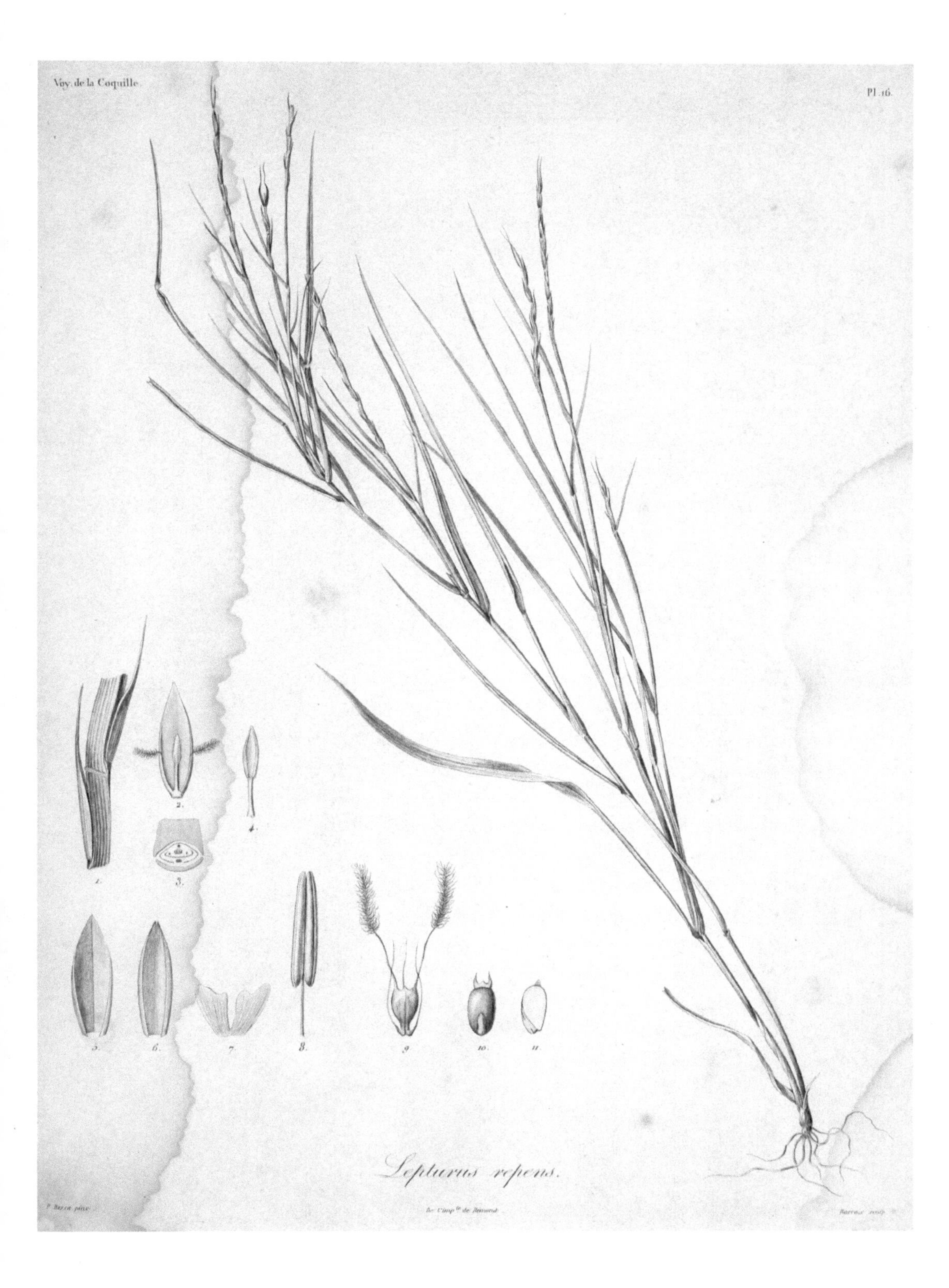

Voy. de la Coquille.
Pl. 16.
1.
2.
3.
4.
5.
6.
7.
8.
9.
10.
11.
Lepturus repens.

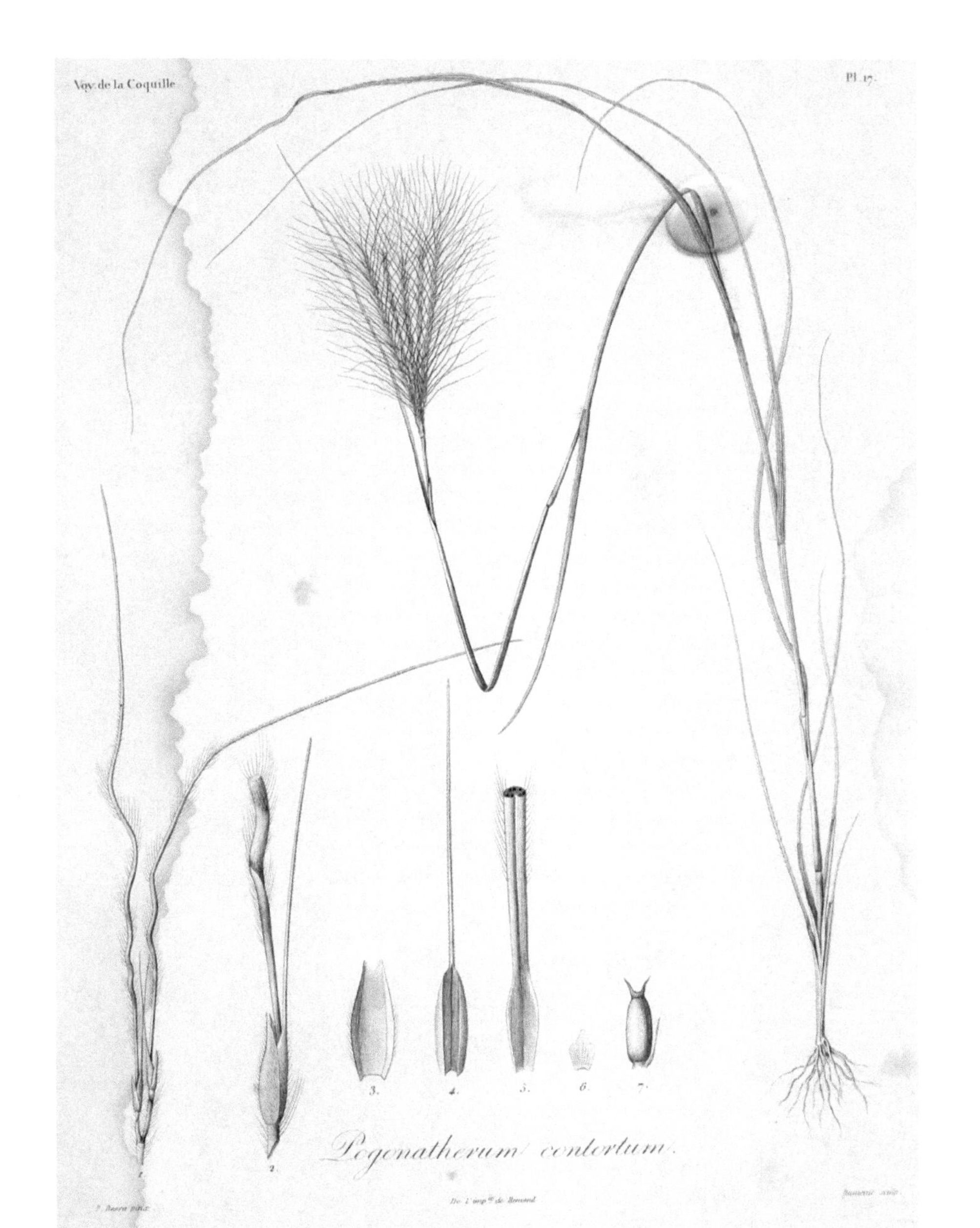

Pogonatherum contortum.

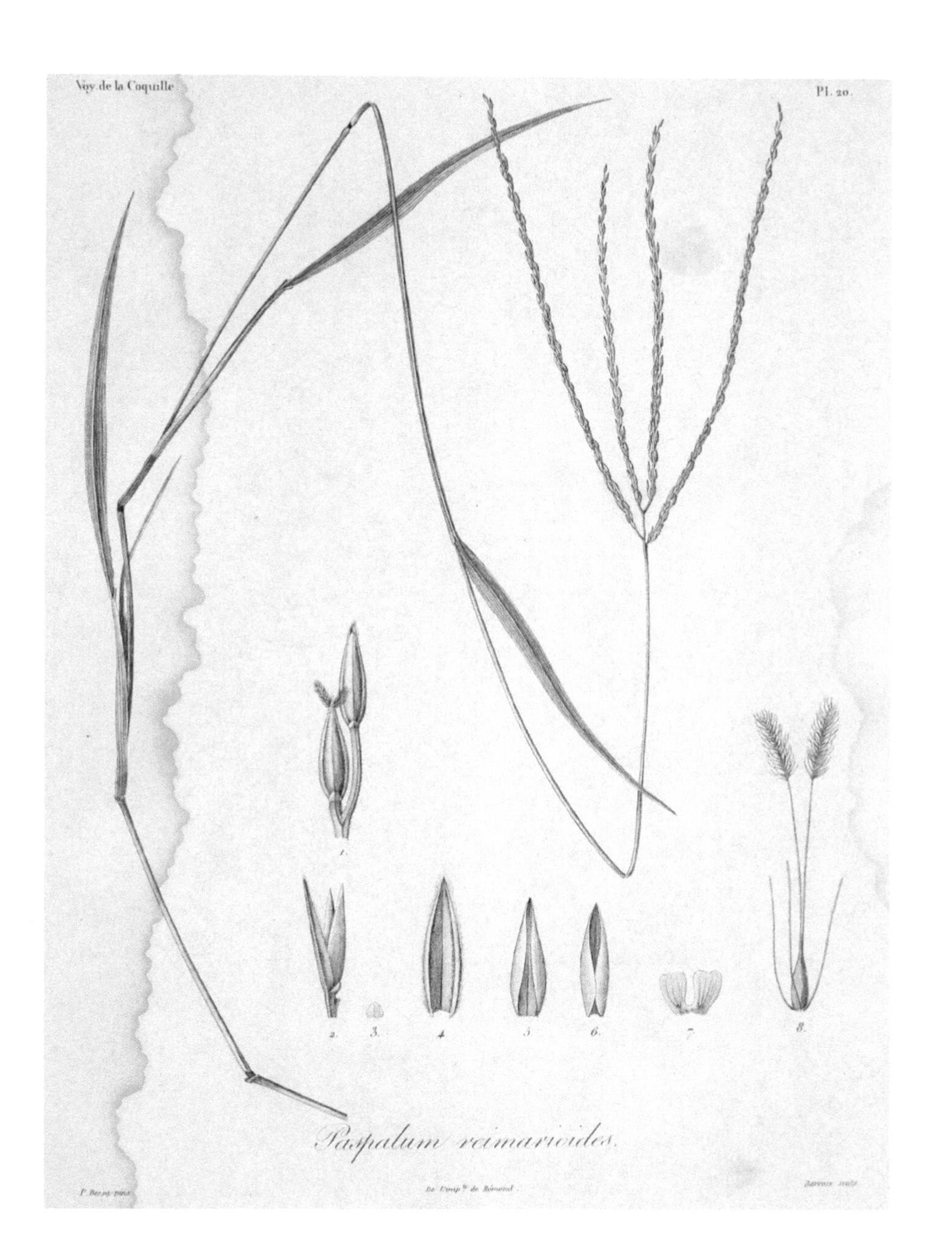
Voy. de la Coquille
Pl. 20.
1.
2.
3.
4.
5.
6.
7.
8.
Paspalum reimarioides.

Garnotia stricta.

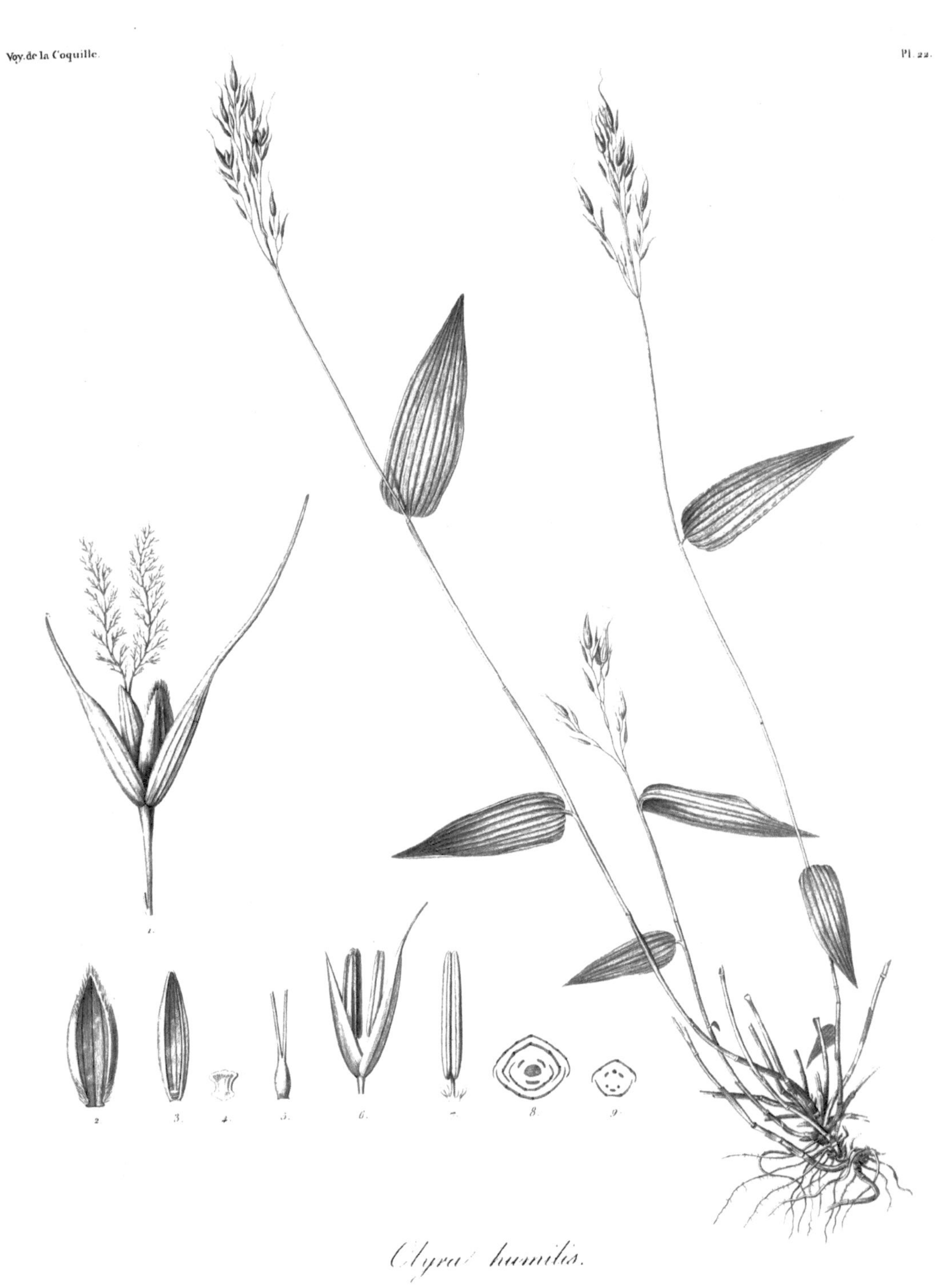

Olyra humilis.

P. Bessa pinx. De l'Impr.ie de Rémond. Dumenil sculp.

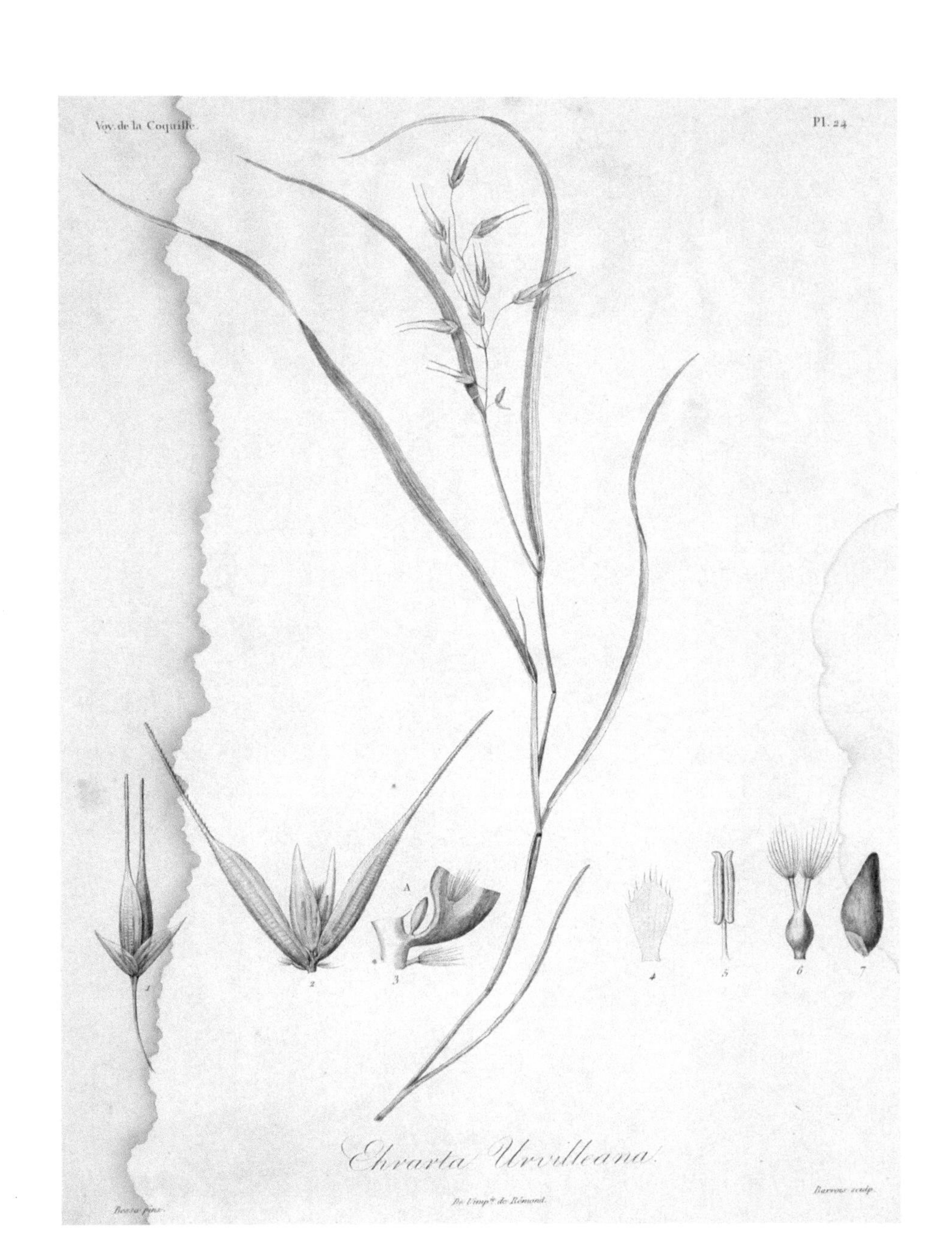

Ehrarta Urvilleana

Bessa pinx. Bt. l'impʳᵉ de Rémond. Barrois sculp.

Voy. de la Coquille

Pl. 25.

Carex cryptostachys.

Bessa pinx.

De l'impʳᵉ de Rémond

Barrois sculp.

Diplacrum tridentatum.

Bessa pinx. De l'imp^rie de Rémond Barrois sculp.

Becquerelia cymosa.

Besse pinx. De l'impr. de Rémond. Duménil sculp.